Rotes Heft 79

Höhenrettung

von

Brandoberamtsrat Ing. Frank Haverney
Brandschutz- und Katastrophenschutzschule Heyrothsberge

Brandamtmann Ing. Peter Wölke
Brandschutz- und Katastrophenschutzschule Heyrothsberge

Verlag W. Kohlhammer

1. Auflage 2005

Umschlag: Gestaltungskonzept Peter Horlacher
Gesamtherstellung: W. Kohlhammer
Druckerei GmbH + Co. KG, Stuttgart
Printed in Germany

ISBN 3-17-017671-4

Inhaltsverzeichnis

1 Einleitung

Seit Jahren gehören Rettungs- und Hilfeleistungseinsätze in Höhen und Tiefen zum Aufgabenbereich der Feuerwehren und sind in den Brandschutz- und Hilfeleistungsgesetzen der Länder eindeutig festgeschrieben.

Das vorliegende Rote Heft zur Speziellen Rettung aus Höhen und Tiefen (SRHT) – im Sprachgebrauch wird oft auch der Begriff »Höhenrettung« verwendet – wurde nicht mit dem Ziel verfasst, dieses spezielle Einsatzverfahren zu lehren. Dazu würde der vorgegebene Umfang eines Roten Heftes bei weitem nicht ausreichen.

Vielmehr soll auf der Grundlage der bisherigen Erfahrungen ein Überblick zur Thematik gegeben werden. Bestehende Regelungen, persönliche und gesundheitliche Anforderungen an die Spezialkräfte der Feuerwehr, Hinweise zur Organisation der speziellen Rettungsgruppen und verwendete technische Ausstattungen werden beschrieben. Weiterhin werden die Einsatzmöglichkeiten/Einsatzgrenzen und -varianten sowie die Inhalte, Methoden und Lernziele der Aus- und Fortbildung aufgezeigt.

Selbstverständlich kann dieses Buch auch Anleitung für andere Hilfsorganisationen sein, die sich mit der gleichen Problematik befassen. Stellvertretend für alle sollen hier nur die Bundesanstalt Technisches Hilfswerk, die Spezialkräfte der Polizei und der Bundespolizei (ehemals Bundesgrenzschutz) genannt werden.

Das beschriebene Ab- und Aufseilverfahren, auch als Höhenrettung bekannt, wird in der Speziellen Rettung aus Höhen und Tiefen (SRHT) angewandt. Dies ist ein Verfahren, welches auf Methoden und Techniken der Bergrettung basiert und auf die spezifischen Einsatzbedingungen der Feuerwehren abgestimmt wurde. Es ermöglicht unter Anwendung spezieller Geräte und Ausrüstungen mit verhältnismäßig geringem Aufwand ein sehr effektives und vor allem sicheres Arbeiten in Höhen und Tiefen.

Die SRHT unterscheidet sich grundsätzlich von herkömmlichen Methoden der Menschenrettung und verlangt deshalb ein hohes Maß an spezieller Aus- und Fortbildung. Das Verfahren ermöglicht die Schaffung vertikaler, horizontaler und diagonaler Zugangs- und somit Rettungswege. Weiterhin können so Arbeitswege für die Höhe/Tiefe geschaffen werden, um beispielsweise Windschäden an Gebäuden und baulichen Anlagen zu beseitigen.

Die Praxis zeigt, dass sich Einsätze in großen Höhen und Tiefen besonders schwierig gestalten. Zu den bestehenden objektiven Gefahren (permanente Absturzgefahr, Fangstoß, widrige Witterungsbedingungen, Gefahren die vom Objekt selbst ausgehen (z. B. ungewollte und nicht vorhersehbare Bewegungen) kommen subjektive Gefahren wie Stress, Hektik, Höhenschwindel, schlechter Ausbildungsstand, Fehlverhalten der Einsatzkräfte usw. hinzu und können Ursache für Unfälle sein. Deshalb wird Sicherheit durch Redundanz (mehrfache Sicherheit durch zwei oder mehr unabhängige Systeme) gewährleistet. Hierbei gilt der Grundsatz »zwei Seile, zwei Seilbremsen für Last- und Sicherungssystem sowie zwei voneinander getrennte Befestigungspunkte«.

In Abhängigkeit von den örtlichen Gegebenheiten und dem vorhandenen Gefahrenpotential sollte in den Feuerwehren nach einer Gefährdungsermittlung über die Schaffung von speziellen Rettungseinheiten entschieden werden. Im Rahmen der Entscheidungsfindung muss auch der überörtliche Einsatz in Erwägung gezogen werden.

Eine wesentliche Grundlage für dieses Rote Heft bilden neben dem vorhandenen großen Erfahrungsschatz die Ergebnisse des LEONARDO-Projektes (EUSR) »Spezielle Rettung aus Höhen und Tiefen – Aus- und Weiterbildung von Feuerwehrleuten in Europa« (Januar 1999 bis Juni 2001) sowie die Empfehlungen der AGBF vom Dezember 2002, welche an der Brandschutz- und Katastrophenschutzschule Heyrothsberge (BKS) ihren Ursprung fanden und dort erarbeitet wurden.

2 Historie

Ende der Siebziger Jahre hat die Geschichte der Höhenrettung in der Feuerwehr ihren Anfang gefunden. International gab es zu dieser Zeit eine Reihe von Großbränden mit sehr vielen Verletzten und auch Toten. Menschen wurden von Flammen eingeschlossen und versuchten sich verzweifelt mit Sprüngen in die Tiefe oder mit Hilfsmitteln wie aneinander geknoteten Betttüchern zu retten.

In der damaligen DDR wurden zu dieser Zeit sehr viele Wohnhäuser mit zehn und mehr Geschossen gebaut. Dem entsprechend war die Feuerwehr angehalten, sich auf die neu entstandene Situation einzustellen.

Die Grenzen der herkömmlichen Rettungsmethoden und das erhöhte Absturzrisiko für die Einsatzkräfte wurden bei diesen Einsätzen sichtbar. Eine Drehleiter (30 m) reicht zum Beispiel bei optimalen Bedingungen maximal bis zum neunten Obergeschoss. Aufgrund der Innenstadtbebauungen kamen und kommen die Hubrettungsfahrzeuge in vielen Fällen aufgrund der Verkehrssituation und den Einsatzbedingungen (schlechter Untergrund, parkende Autos ...) erst gar nicht zum Einsatz. Neben der Drehleiter wurden auch Sprungretter, Rettungsschläuche und der Einsatz von Hubschraubern untersucht. Im Ergebnis dessen wurde festgestellt, dass der Einsatz dieser Technik nicht immer möglich ist. Der Hubschrauber zum Beispiel kann unter bestimmten Bedingungen nicht zum Einsatz gebracht werden (Witterungsbedingungen, Dunkelheit, Thermik im Brandfall usw.).

Bei den Feuerwehren mussten Möglichkeiten zur Rettung von Menschen aus großen Höhen gefunden werden, die unter allen Bedingungen einsetzbar, einfach durchführbar, zuverlässig und gleichzeitig kostengünstig sind. Dabei sollte das hohe Absturzrisiko während dieser Einsätze minimiert werden.

Gemeinsam mit dem Bergunfalldienst des Deutschen Roten Kreuzes der DDR wurden in Berlin die Gerätschaften sowie das Ab- und Aufseilverfahren von Feuerwehrmännern auf Anwendbarkeit für Einsätze der Feuerwehr getestet.

Im Oktober 1982 wurde der Spezielle Rettungsdienst (SRD) in das diensthabende System der Feuerwehr übernommen und ständig weiter erprobt. Der erste Lehrer wurde 1983 an der damaligen Fachschule der Feuerwehr Heyrothsberge in der Anwendung dieser Methode ausgebildet. 1984 erfolgte die Ausbildung von Einsatzkräften der Berufsfeuerwehr Magdeburg.

Zwei Jahre später, nach vierjähriger Erprobungs- und Bewährungszeit, wurde der SRD flächendeckend in den Berufsfeuerwehren der Bezirksstädte und Berlin eingeführt.

Zusätzlich wurde im Interesse einer fachlichen Koordinierung an der Fachschule der Feuerwehr Heyrothsberge eine Leitstelle SRD gebildet, die eng mit diesen Berufsfeuerwehren zusammenarbeitete. Wesentliche Vorteile hierbei waren einheitlicher Ausbildungsstand und gleiche Ausstattung.

Im Jahr 1986 wurden an der Fachschule in Heyrothsberge dann die ersten 23 Ausbilder des SRD erfolgreich ausgebildet (Bild 1).

Bild 1: Ausbildung des Speziellen Rettungsdienstes der ehemaligen DDR im Jahr 1986

Obwohl 1982 der SRD für die Rettung von Menschen bei Bränden vorrangig aus hohen Häusern und Objekten vorgesehen war, wurde schon in den ersten Praxisjahren erkennbar, dass sich das Einsatzspektrum mehr auf den Bereich der technischen Rettung und der Hilfeleistung verlagerte. Retten von Personen aus Krankanzeln, von Schornsteinen, aus Steinbrüchen, Tierrettungen und technische Hilfeleistungen bildeten zum damaligen Zeitpunkt das Haupteinsatzfeld. Diese Einsätze bewiesen jedoch die

Richtigkeit der Entscheidung zur Einführung des SRD und sie verdeutlichten, dass das Ab- und Aufseilverfahren eine wertvolle Ergänzung zu den herkömmlichen Rettungsmethoden darstellte und das Absturzrisiko erheblich minimierte. So wurde die Praxis bis zum Ende der damaligen DDR beibehalten.

In den Jahren nach 1990 hat auch die Brandschutz- und Katastrophenschutzschule Heyrothsberge (1991 hervorgegangen aus der Fachschule Feuerwehr) dieses Verfahren für die Feuerwehren ständig weiterentwickelt und im Rahmen von Aus- und Fortbildungslehrgängen angeboten, obwohl es sehr viele Kritiker gab, die eine Notwendigkeit dieser speziellen Rettungsmethode anzweifelten. Der Spezielle Rettungsdienst (SRD) wurde zu dieser Zeit neu strukturiert und umbenannt in Höhenrettungsdienst (HRD).

Vom 26. bis 27. Oktober 1994 fand die erste Fachtagung »Auf- und Abseilverfahren/Anwendungsmöglichkeiten in der Feuerwehr« an der BKS in Heyrothsberge statt. Über einhundert Anwender aus den verschiedensten Bereichen des In- und Auslandes nahmen daran teil. Neben den vielen diskutierten Fachthemen bedeutete sie auch insbesondere den »Durchbruch« für die alten Bundesländer zur Übernahme dieser Rettungstechnik in den Dienst der Feuerwehren.

Im Rahmen des europäischen Aktionsprogramms LEONARDO DA VINCI – einem Förderprogramm zur gemeinschaftlichen Berufsbildungspolitik – wurde 1999 auf Antrag Deutschlands ein Programm zur Speziellen Rettung aus Höhen und Tiefen auf europäischer Ebene (EUSR) erstellt.

Höhenrettungsspezialisten aus neun europäischen Ländern trafen sich vom 14. bis 17. Januar 1999 zur Eröffnung dieses speziellen Projektes in Heyrothsberge.

Im Ergebnis der ersten Arbeitstagung wurde einmal mehr deutlich, dass trotz grundsätzlich gleicher Aufgabenstellungen für die Feuerwehren in Europa die Organisation, Ausstattung sowie Ausbildungsdauer und -inhalte zum Teil sehr unterschiedlich waren. Deshalb wurde in den Jahren 1999 bis 2000 das Projekt »Spezielle Rettung aus Höhen und Tiefen – Aus- und Weiterbildung von Feuerwehrleuten in Europa« mit dem Ziel einer einheitlichen Vorgehensweise erarbeitet.

Im Oktober 2002 fand die 2. Fachtagung zur Speziellen Rettung aus Höhen und Tiefen an der BKS Heyrothsberge statt. Hieran nahmen über 150 Spezialisten aus Italien, der Schweiz, aus Luxemburg und Deutschland teil. Unter anderem wurde erstmals die Empfehlung der AGBF zur Speziellen Rettung aus Höhen und Tiefen (SRHT) für die Feuerwehren Deutschlands vorgestellt (Bild 2). Seit Dezember 2002 steht sie im Internet auf der Homepage der BKS Heyrothsberge (www.bks-heyrothsberge.de) zum downloaden bereit.

Mit dem EUSR Folgeprojekt e-RESCUE wurde im November 2003 in Luxemburg, dessen Feuerwehr Initiator war, eine neue Etappe für die speziellen Retter Europas eingeleitet. Drei Arbeitsgruppen wurden beim ersten Meeting zur Erarbeitung eines interaktiven Lernprogramms für Arbeit und Rettung in absturzgefährdeten Bereichen gebildet.

Die Arbeitsgruppen »e-learning«, »Ausbildung« und »Rettung« haben zur Erfüllung ihrer Aufgaben einen Zeitrahmen von 30 Monaten zur Verfügung gestellt bekommen. Mit dem Ergebnis ist im Juni des Jahres 2006 zu rechnen.

Gegenwärtig wenden in Deutschland ca. 2000 Feuerwehrleute aus über 140 Berufs-, Werk- und Freiwilligen Feuerwehren

Bild 2: Im Oktober 2002 wurde die Empfehlung der AGBF zur Speziellen Rettung aus Höhen und Tiefen (SRHT) vorgestellt.

diese spezielle Rettungsmethode, die einen großen Beitrag zur Arbeitssicherheit in der Ausbildung und im Einsatz leistet, erfolgreich an.

3 Grundlagen

3.1 Rechtsgrundlagen

Die Europäische Union hat zur Verbesserung der Sicherheit und des Gesundheitsschutzes der Arbeitnehmer Richtlinien über die Durchführung von Maßnahmen erlassen, die sich auch auf die Ausstattung und Arbeit mit Geräten für die Spezielle Rettung erstrecken. Die Feuerwehren unterliegen diesen Vorschriften grundsätzlich. Abweichungen von der Anwendung werden nur zugelassen, wenn dies Besonderheiten bestimmter Tätigkeiten im öffentlichen Dienst oder spezifische Tätigkeiten bei den Katastrophenschutzdiensten zwingend erfordern.

Nachfolgend werden einige der zurzeit gültigen und wichtigsten verbindlichen Rechtsvorschriften aufgeführt:

89/391/EWG

EWG-Richtlinie über die Durchführung von Maßnahmen zur Verbesserung der Sicherheit und des Gesundheitsschutzes der Arbeitnehmer bei der Arbeit (Arbeitsschutzrahmenrichtlinie)

Diese und alle nachgeordneten Richtlinien bzw. Vorschriften finden Anwendung auf alle privaten und öffentlichen Tätigkeitsbereiche, einschließlich aller Tätigkeiten der Feuerwehren und unabhängig vom Dienst- bzw. Beschäftigungsverhältnis.

Anwendungspflichten ergeben sich somit für

- Werkfeuerwehren (hauptamtliche und ehrenamtliche Kräfte),
- Berufsfeuerwehren (Beamte, Angestellte, Arbeiter),
- Freiwillige Feuerwehren (Beamte, Angestellte, Arbeiter, Ehrenamtliche).

Die zu berücksichtigenden Anforderungen der Richtlinie haben für die SRHT Auswirkungen hinsichtlich

- der geforderten Risikobewertung,
- der Ausstattung der Feuerwehren mit PSA,
- des Ausstattungsumfanges der PSA,
- der Anforderungen an die PSA selbst,
- der Ausbildung der Feuerwehrangehörigen im Umgang mit der PSA sowie
- der Anwendungspflicht der PSA durch die Feuerwehrangehörigen.

89/686/EWG

Richtlinie zur Angleichung der Rechtsvorschriften für persönliche Schutzausrüstung

89/655/EWG

Richtlinie über Mindestvorschriften für Sicherheit und Gesundheitsschutz bei der Benutzung von Arbeitsmitteln durch Arbeitnehmer bei der Arbeit

2001/45/EG

Richtlinie des Europäischen Parlaments und des Rates vom 27. Juni 2001 – Anhang –

4. Vorschriften für die Benutzung von Arbeitsmitteln, die für zeitweilige Arbeiten an hoch gelegenen Arbeitsplätzen bereitgestellt werden

4.4 Besondere Vorschriften für Zugangs- und Positionierungsverfahren unter Zuhilfenahme von Seilen

Rechtsgrundlagen auf nationaler Ebene sind:

Brandschutz- und Hilfeleistungsgesetze der Länder

Länderspezifische Regelungen zur Speziellen Rettung aus Höhen und Tiefen sowie anerkannte Regeln der Technik

8. Verordnung zum Gerätesicherheitsgesetz – 8. GSGV

(BGBL. I Nr. 11, S. 317 bis 318 vom 27. Februar 1997)

FwDV1/2	Grundtätigkeiten – Technische Hilfeleistung und Rettung Kapitel 14 und 15 – Sichern und Retten in absturzgefährdeten Bereichen
FwDV13/1	Die Gruppe im technischen Hilfeleistungseinsatz Retten und Sichern
GUV-V A1	Allgemeine Vorschriften
GUV-V C53	Unfallverhütung im Feuerwehrdienst
GUV-R 198	Regeln für den Einsatz von persönlichen Schutzausrüstungen gegen Absturz
GUV-R 199	Benutzung von persönlichen Schutzausrüstungen zum Halten und Retten

BG R 199 — Benutzung von persönlichen Schutzausrüstungen zum Retten aus Höhen und Tiefen (April 2004) Rettungs- und Sicherungsverfahren aus dem Bergsport sowie spezielle Rettungstechniken sind nur von Personen anzuwenden, die besonders körperlich und fachlich geeignet sind.

»Als besonders körperlich geeignete Personen gelten z. B. diejenigen, bei denen eine arbeitsmedizinische Vorsorgeuntersuchung nach dem Berufsgenossenschaftlichen Grundsatz für arbeitsmedizinische Untersuchungen G 41 »Arbeiten mit Absturzgefahr« durchgeführt worden ist.
Als besonders fachlich geeignete Personen gelten z. B. diejenigen, die einen entsprechenden Ausbildungslehrgang mit einer Mindestdauer von zwei Wochen mit Erfolg absolviert haben.
Spezielle Rettungstechniken sind z. B. Rettungsverfahren mit einem Rettungshaken mit Sicherungsöse nach DIN 34300.«
Quelle: BG R 199

GUV-G 9102 — Grundsätze für die Prüfung der Ausrüstung und Geräte der Feuerwehr (Geräteprüfordnung)

BGG 906 — Auswahl, Ausbildung und Befähigungsnachweis von Sachkundigen für persönliche Schutzausrüstungen gegen Absturz

AGBF-Empfehlung zur Speziellen Rettung aus Höhen und Tiefen, veröffentlicht im Dezember 2002

3.2 Persönliche Anforderungen

Angehörige von Einheiten der Speziellen Rettung aus Höhen und Tiefen werden in der praktischen Ausbildung, aber besonders unter Einsatzbedingungen, extrem stark physisch und psychisch belastet. Aufgrund von großen Höhen, widrigen Witterungsbedingungen, vorhandener Strahlungswärme, schwerer körperlicher Anstrengungen, Tragen einer speziellen Schutzbekleidung und einer technischen Ausrüstung mit einem hohen Gewicht sowie dem Arbeiten unter Zeitdruck und dem ständigen Absturzrisiko, erreichen diese Feuerwehrangehörigen oftmals ihre individuellen Leistungsgrenzen.

Bei einem Aufstieg auf eine 30 m hohe Verladebrücke wurden durch Dr. med. Botta (Arbeitsmedizinischer Dienst Magdeburg, Sachsen-Anhalt) Herzschlagfrequenzen von 160–170/min gemessen. Bei einer Aufstiegsgeschwindigkeit von 10–12 Metern pro Minute beträgt die physiologische Steigleistung bis zu 185 Watt. Die Merkmale körperlich schwerster Arbeit werden hierbei erfüllt.

Deshalb werden besonders für diesen speziellen Bereich der Feuerwehr arbeitsmedizinische Untersuchungen zur Atemschutztauglichkeit (G26/3) und zur Höhentauglichkeit (G41) dringend empfohlen.

Zuzüglich zur hohen physischen und psychischen Belastbarkeit müssen die Angehörigen der Einheiten SRHT Eigenschaften wie Teamfähigkeit, Verantwortungsbewusstsein, sportliche Fitness, Besonnenheit und Entscheidungsfreudigkeit besitzen. Darüber hinaus brauchen sie im Umgang mit Menschen Erfahrungen, die gerade in Stress- oder anderen Notsituationen von größter Bedeutung sind.

3.3 Gefährdungsermittlung/Unfallverhütung

Bei der Rettung von Menschen und Tieren, bei der Bekämpfung von Bränden und bei der Durchführung der technischen Hilfeleistung besteht immer die Möglichkeit, dass sich Feuerwehrangehörige in Bereiche begeben müssen, wo sie neben den bekannten Gefahren der Einsatzstelle auch einem erhöhten Absturzrisiko ausgesetzt sein können.

Im Interesse einer hohen Sicherheit bei Einsätzen und bei Übungen ist es unumgänglich, dass schon im Vorfeld Risikobewertungen bzw. Gefährdungsermittlungen durchgeführt werden, um Konsequenzen für geeignete Schutzmaßnahmen abzuleiten.

Gemäß bestehender Regeln, z. B. GUV-R 198 (Regeln für den Einsatz von persönlichen Schutzausrüstungen gegen Absturz – PSA), und BGR 199 (Benutzung von persönlichen Schutzausrüstungen zum Retten aus Höhen und Tiefen) ist es erforderlich, dass durch den Träger der Feuerwehr vor der Auswahl und Benutzung der PSA eine Ermittlung der Gefährdungen organisiert wird.

Die durch einen fachkundigen Feuerwehrangehörigen ermittelten Gefahren und Risiken müssen dokumentiert und analysiert werden. Fachkundig ist, wer über notwendige Einsatzerfahrung und Fachkompetenz auf dem Gebiet der PSA und der speziellen Rettung im Bereich der Feuerwehr verfügt.

Bei der Gefährdungsermittlung sind folgende Schwerpunkte zu analysieren:

- Objekte im Zuständigkeitsbereich (Hochhäuser, Sendemasten, Siloanlagen, Industrieanlagen, Baukräne, Windkraftanlagen usw.),
- Objektbezogene Risiken (konstruktive, technologische und materielle),
- Zufahrten, Zugänge, Rettungs- und Angriffswege, Befestigungspunkte usw.,
- Festlegung von Rettungsvarianten unter Beachtung möglicher auftretender Gefährdungen,
- Auswahl der erforderlichen Ausrüstung zur Durchführung einer patientengerechten Rettung,
- Zielgerichtete Erarbeitung von objekt- und einsatzbezogenen Ausbildungsunterlagen zur Absicherung einer praxisorientierten Aus- und Fortbildung,
- Erarbeitung von objekt- bzw. ereignisbezogenen Einsatzplänen.

Im Ergebnis der Gefährdungsermittlung werden dann die notwendigen präventiven Schutzmaßnahmen zur Unfallverhütung für Übungen und Einsätze abgeleitet. Spätestens an dieser Stelle muss über die Einrichtung einer Einheit für die Spezielle Rettung aus Höhen und Tiefen entschieden werden.

Belehrungen zur Unfallverhütung

Spezielle Retter müssen über die Einhaltung des Unfallschutzes regelmäßig und nachweislich belehrt werden. Diese Belehrungen sind vorrangig zu folgenden Gelegenheiten durchzuführen:

- Halbjährliche Belehrung – Vermittlung und Wiederauffrischung grundlegender, sich immer wiederholender Kenntnisse auf dem Gebiet der Speziellen Rettung aus Höhen und Tiefen.
- Spezifische Belehrungen zu Beginn eines Ausbildungsabschnittes – Neue Geräte und Ausrüstungen, neue Objekte, neue Varianten und Verfahren usw.
- Sonderbelehrungen nach Vorkommnissen – Diese Belehrungen werden durchgeführt nach internen und/oder externen Erlebnissen/Geschehnissen, die Einfluss auf die eigene Arbeit/Handlungsweise haben (können) wie Verletzungen, »Beinahe-Unfälle«, Unfälle, erfolgreiche oder auch missglückte Rettungen usw.

Anforderungen an die Unfallverhütung sowie Belehrungsinhalte und spezielle Sicherheitsgrundsätze sind Ausbildungsinhalte; einige wichtige werden nachfolgend beispielhaft genannt:
- Medizinische Vorsorgeuntersuchungen müssen auf dem neuesten Stand sein.
- Spezielle Retter dürfen während des Einsatzes und bei Übungen nicht unter Einfluss von Medikamenten, Alkohol sowie anderen Drogen stehen und müssen in guter körperlicher Verfassung sein.
- Beeinträchtigungen, die vor, während oder nach Einsätzen oder Übungen auftreten, sind sofort dem Einsatzleiter bzw. dem Ausbilder mitzuteilen (Debriefing).
- Bei der Speziellen Rettung besteht kein Unterschied zwischen Einsätzen und Übungen.

- Ein hoher Ausbildungsstand aller einzusetzenden Kräfte ist erforderlich!
- Das Prinzip der Freiwilligkeit ist unbedingt einzuhalten (Arbeiten in einer Einheit SRHT).
- Grundsätzlich sind immer zwei Seile zu verwenden, Ausnahmen gibt es nur beim Vorstieg und bei der Selbstrettung (Gefahr im Verzug!).
- Es dürfen nur geprüfte und der Norm entsprechende Ausrüstungen verwendet werden.

Sicherheitsgrundsätze für Einsätze und Übungen im und am Seil

- Partnerscheck mit Sicherheitsabfrage (4-Augenprinzip) ist nach dem Anlegen der Ausrüstung und vor jedem »Ausstieg/Aufstieg« durchzuführen!
- Vor jedem Ausstieg/Aufstieg ist das Abseilsystem/-gerät durch eine Funktionsprüfung zu testen!
- Sicherungsseile (Redundanz) werden grundsätzlich direkt ins Gurtsystem eingebunden.
- Nach dem »Ausstieg« sind nochmals sämtliche Seilverbindungen, Seilverläufe und Karabiner zu überprüfen und ggf. zu korrigieren.
- Nur Karabiner mit Verschlusssicherung verwenden.
- PSA ist während der gesamten Zeit zu tragen, jeder ist für seine PSA selbst verantwortlich.
- Geräte und Ausrüstungen sind vor und nach jedem Einsatz zu prüfen!
- Im absturzgefährdeten Bereich muss jeder zweckmäßig gesichert sein!

- Gewährleistung einer ständigen Kommunikation zwischen Sicherungsmann und der sich im Seil befindlichen Personen (Sichtkontakt, Funkkontakt …).
- Jede Aktion im Seil ist mit dem Sicherungsmann abzustimmen (Ausstieg, Aufstieg, Einstieg, Stopp, Gefahr, Bodenkontakt …).
- Grundsätzlich werden Last- und Sicherungsseile an getrennten Befestigungspunkten angeschlagen, Kantenschutz beachten! Achtung Seilendknoten nicht vergessen!
- Gefahrenbereiche sind abzusperren! Unbefugten Personen ist der Aufenthalt aus Sicherheitsgründen zu verwehren!
- Ausrüstungen und Materialien müssen zweckmäßig abgelegt und gegen Absturz gesichert werden! Bei Sturm darf auch außerhalb des absturzgefährdeten Bereiches nichts ungesichert abgelegt werden!
- Niemals Seil über Seil bzw. Seile durch textile Schlingen laufen lassen (Durchtrennungsgefahr durch große Reibungswärme!).
- Grundsätzlich nicht schneller als 2 Meter pro Sekunde »abfahren«, bei der Rettung von Personen ist die Abfahrgeschwindigkeit auf 1 Meter pro Sekunde zu reduzieren.
- Bei Ausbildungsmaßnahmen ist grundsätzlich ein »Rettungsseil« für Notsituationen vorzuhalten.
- Bei Rettungsmaßnahmen sind Panik und bedingtes Fehlverhalten von Personen nicht auszuschließen, nicht selten werden dadurch auch die Retter gefährdet. **Achtung – die Sicherung der eigenen Einsatzkräfte hat Vorrang!**

3.4 Begriffe und Definitionen

Wichtige Begriffe und Definitionen sind in der Tabelle 1 ersichtlich.

Tabelle 1: Begriffe und Definitionen

Ab- und Aufseiltechnik	Verfahren, welches unter Anwendung von Kernmantelseilen, Seilbremsen und anderen technischen Hilfsmitteln ein sicheres Überwinden von Höhenunterschieden ermöglicht. Dabei kann man unter Anwendung verschiedener Methoden des Auf- und Absteigens grundsätzlich jeden beliebigen Punkt eines Objektes erreichen.
Absturzgefährdeter Bereich	ist der Bereich eines Objektes, dessen Beschaffenheit und räumliche Bedingungen zu einem Unfall durch Absturz führen können.
Anprall	Antreffen eines Körpers an einer senkrechten Fläche nach einem Fall (Pendelsturz)
Anschlagpunkte	sind nach DIN EN 795 Bau- oder Anlagenteile mit ausreichender Standfestigkeit, die zum Anschlagen von Seilen dienen und Kräfte von mindestens 10 kN aufnehmen können.
Arbeitsseil/Lastseil (Einfachseil)	sind Kernmantelseile, die im Regelfall die Last (Retter und/oder die zu rettende Person) tragen. Sie werden grundsätzlich statisch belastet. Arbeitsseile können Seile nach EN 1891 (Kernmantelseile mit geringer Dehnung) bzw. nach EN 892 (Bergseile) sein.
Aufprall	Auftreffen eines Körpers auf einer Fläche nach senkrechtem Fall/Sturz
Befestigungselemente (BE)	sind Mittel, die zur Herstellung der Verbindung zwischen Befestigungspunkt und Kernmantelseil dienen.

Befestigungs-punkte (BP)	sind Bau- oder Anlagenteile aber auch Bäume, Felsen usw. mit einer Kraftaufnahme von mindestens 10 kN, besser 22 kN.
Fangdauer	Zeitspanne, in der das gesamte Sicherungssystem beim Abfangen eines Sturzes belastet wird.
Fangstoß	Beim Abfangen eines Sturzes auftretende Kraftspitze, die auf das gesamte Sicherungssystem wirkt.
Fangstoß-dehnung	Kurzzeitige Dehnung des gesamten Sicherungssystems, insbesondere des Sicherungsseiles während des Fangstoßes. Je größer die Fangstoßdehnung ist, umso geringer ist der Fangstoß. Achtung: Die Gesamtfallhöhe erhöht sich jedoch!
Fangstoßkraft	Die beim Abfangen eines Sturzes im Seil auftretende maximale Spannkraft.
Kantenschutz	Hilfsmittel, mit denen fixe und laufende Seile, Bänder und Schlingen an scharfen Kanten vor Zerstörung geschützt werden.
Kernmantelseil	ist eine zweiteilige Seilkonstruktion, wobei der innen liegende Kern vom äußeren Mantel geschützt wird. Der Kern besteht aus mehreren Zwirnen und ist das tragende Element der Konstruktion.
Knotbarkeit	ist das Maß für die Geschmeidigkeit eines Seiles. Sie gibt an, wie leicht sich ein Seil knoten lässt, wie rutschfest die Knoten sind und wie leicht sich die Knoten nach einer Belastung wieder lösen lassen. Als Maß gilt die Knotenweite.
Knotenfestigkeit	gibt an, um wie viel Prozent die Reißkraft eines geknoteten Seiles vermindert wird.
Krangeln	Spiralförmige, knotenähnliche Gebilde, die durch Verdrehungen der Seile um ihre Längsachse entstehen.

Normsturz	Test, bei dem in einer definierten Versuchsanordnung die Sturzfestigkeit von Seilen ermittelt wird. Dabei fällt das Seil über eine Kante (Radius = 5 mm). Stand der Technik: 16 bis 19 Normstürze.
Scharfkantentest	Einen Sturz (siehe Normsturz) über eine definierte scharfe Kante (Radius = 0,75 mm) muss das Seil gem. UIAA –Norm 108 bruchfrei überstehen.
Seilbremse	Mechanisches Gerät, das beim Ab- und Aufseilverfahren als Bremse zum Erreichen einer gewünschten Geschwindigkeit sowie als Sicherungsgerät zur Verhinderung von schweren Abstürzen eingesetzt wird. Die Bremskräfte werden durch Seilreibung erzeugt.
Selbstsicherung	Eigensicherung zur Verhinderung von Abstürzen.
Sicherung – dynamisch	Verwendung einer Seilbremse, durch die das Sicherungsseil im Falle einer plötzlichen Belastung kontrolliert durchläuft. Hierbei wird Reibung erzeugt und ein Teil der kinetischen Energie in Wärme umgewandelt. ⇒ **»weicher Sturz«**
Sicherung – statisch	Sicherung ohne Verwendung einer Seilbremse (z. B. Eigensicherung am Standplatz). ⇒ **»harter Sturz« beim Übersteigen des BP**
Sicherung – direkt	Der Sicherungsmann befindet sich in der Sicherungskette (z. B. Körpersicherung).
Sicherung – indirekt	Der Sicherungsmann befindet sich außerhalb der Sicherungskette. Zu dieser Sicherungsart gehören alle Sicherungsvarianten, bei denen eine Seilbremse am BP angeschlagen wird.
Sicherungskette	Verbund aller Elemente eines Sicherungssystems
Sicherungsseil (Einfachseil nach EN 892)	Ist ein dynamisches Kernmantelseil, das im Extremfall (z. B. Tragseilriss) Retter und/oder die zu rettende Person sicher auffangen kann (Redundanz). Es wird im Extremfall dynamisch belastet.

Sturz	Kontrollierter oder unkontrollierter freier Fall eines Körpers. Die Schwere eines Sturzes wird von verschiedenen Faktoren bestimmt. Ein wesentlicher Faktor ist der Sturzfaktor.
Sturzenergie	Von der Masse, der Fallhöhe und der Geschwindigkeit eines fallenden Körpers abhängige Bewegungsenergie.
Sturzfaktor	Theoretische Größe, die die Schwere eines Sturzes bestimmt. Der Sturzfaktor ist das Verhältnis zwischen möglicher Sturzhöhe (freier Fall) und ausgegebener Seillänge.
Sturzfestigkeit	Angabe über die Anzahl der Normstürze, die ein Seil aushält ohne zu reißen.
Sturzsicherheit	Ein Seil ist sturzsicher, wenn die Fangstoßkraft beim Normsturz 10 kN (1000 daN) nicht übersteigt.
Umlenkung	Technische Hilfsmittel, mit denen Seile, Bänder und Schlingen an gefährlichen Kanten umgelenkt werden (Änderung des Kraftverlaufs).
Verankerung	Verwendung von mindestens zwei Befestigungspunkten. Es gibt statische und dynamische Verankerungen. Die dynamische Verankerung ist ein Kräftedreieck, wobei die Kräfte gleichmäßig auf die BP verteilt werden. Bei Verwendung einer Schlinge muss ein Strang um 180° verdreht werden.

3.5 Physikalische Grundlagen

3.5.1 Physikalische Größen und Einheiten

Die physikalischen Größen und Einheiten sind in der Tabelle 2 ersichtlich.[1]

Tabelle 2: Physikalische Größen und Einheiten

Größe		Maßeinheit	Kürzel
Masse	m	Kilogramm	kg
Weg	s	Meter	m
Zeit	t	Sekunde	s
Beschleunigung	a	Meter je Sekundenquadrat	$\frac{m}{s^2}$
Erdbeschleunigung	g	Meter je Sekundenquadrat	$\frac{m}{s^2}$

3.5.2 Kraft, Gewichtskraft, Beschleunigung

Grundlage bei der Betrachtung der physikalischen Vorgänge bildet die Erdanziehungskraft, auch Gravitation genannt. Durch einen Sturz oder einen Sprung in die Tiefe erfährt der fallende Körper eine Beschleunigung, die zum Ansteigen der kinetischen Energie (Fallenergie) führt. Hierbei verringert sich die potentielle Energie, die auch als Lageenergie bezeichnet wird. Diese entstehende Fallenergie übt eine Kraft aus, die von außen auf den Körper wirkt und möglicher Weise zur Schädigung desselben führt.

---

[1] Siehe auch Rotes Heft 18 „Formeln, Tabellen und Wissenswertes für die Feuerwehr“.

Aus der Mechanik heraus ist die Beziehung Masse – Kraft bekannt.
Kraft (F) ist das Produkt aus Masse (m) und Beschleunigung (a):

Kraft = Masse × Beschleunigung
Formel: F = m × a

Daraus resultiert auch die Maßeinheit:
Die Maßeinheit für die Kraft ist das **Newton.**
Weitere Größen sind
- Kilonewton (1kN = 1000 N)
- Dekanewton (1dN = 10 N)

$$1\ \text{kg} \cdot \frac{1\ \text{m}}{1\ \text{s}^2} = \frac{1\ \text{kg} \cdot 1\ \text{m}}{1\ \text{s}^2} = 1\ \text{N}$$

Ausgehend von der Berechnung einer Kraft, die sich als Produkt aus Masse und Beschleunigung ergibt, kann die Gewichtskraft abgeleitet werden, da hier die Beschleunigung (g) mit 9,81 m/s^2 definiert, also festgelegt ist. Der Einfachheit halber wird mit 10 m/s^2 gerechnet.

Die Gewichtskraft (G) ist somit das Produkt aus Masse (m) und Erdbeschleunigung (g):

Gewichtskraft = Masse × Erdbeschleunigung
Formel: G = m × g

Die Maßeinheit für die Gewichtskraft ist ebenfalls das Newton bzw. auch Ableitungen davon.

Die Geschwindigkeit (v) ist der Quotient aus Weg (s) und Zeit (t):

Formel: $\mathbf{v = \frac{s}{t}}$

Somit leitet sich auch hier die Maßeinheit ab: sie lautet Meter je Sekunde.

3.5.3 Arbeit, Energie

Wenn nun mit einer Kraft ein bestimmter Weg zurückgelegt wird, haben wir Arbeit verrichtet. Die Einheit für die Arbeit und die nachfolgende Energie ist das Newtonmeter oder auch Joule genannt.

Mechanische Energie:
Arbeit = Kraft × Weg
Formel: $W = F \times s$

Maßeinheit ist das Joule J (1Nm)

Wenn wir diesen Weg in die Höhe zurücklegen, führen wir diesem Körper eine Energie zu. Diese Energie wird auch als Lageenergie oder potentielle Energie bezeichnet.

Energie der Lage (potentielle Energie):
Formel: $E_{pot} = m \times g \times h$
Maßeinheit: $kg \times m/s^2 \times m = Nm = J$

Maßeinheit ist das Joule J (1 Nm)

Lassen wir diesen Körper nun los, sodass er nach unten fallen kann, wird fast die gesamte Lageenergie in Bewegungsenergie – auch als kinetische Energie bezeichnet – umgewandelt.

Energie der Bewegung (Kinetische Energie):
Formel: $E_{kin} = \frac{1}{2} \times m \times v^2$

Maßeinheit: $kg \times m^2/s^2 = Nm = J$

Maßeinheit ist das Joule J (1 Nm)

Was bedeutet dies nun für unsere Arbeit in der SRHT?

Sobald wir uns mit unserer Ausrüstung in die Höhe begeben, haben wir unserem Körper und der Ausrüstung potentielle Energie zugeführt. Diese Energie muss nun wieder in die Bewegungsenergie umgewandelt werden. Hierzu gibt es verschiedene Möglichkeiten:

1. Wir gehen zu Fuß eine Treppe wieder hinunter. – Die Lageenergie wird über unsere Muskulatur in Bewegungsenergie umgewandelt. Wenn wir einen Aufzug nutzen, passiert im Prinzip das gleiche, nur dass die Energieumwandlung per Motorkraft erfolgt.
2. Wir seilen uns ab. – Beim Abseilen wird die Lageenergie in Bewegungsenergie umgewandelt, diese wiederum aufgrund von Reibung im Abseilgerät in Wärmeenergie.
3. Wir stürzen. – Die Lageenergie wird im freien Fall in Bewegungsenergie umgewandelt.

Für alle drei Möglichkeiten gilt: Je höher wir uns begeben, umso höher ist der Energiegehalt des Körpers.

3.6 Besondere Situationen im Einsatzverlauf

3.6.1 Der Sturz und seine Folgen

Bei einem Sturz handelt es sich prinzipiell um einen freien Fall einer Person in das Seil. Diese Person kann eine verunfallte Person sein, es kann sich aber auch um einen Retter handeln.

Grundsätzlich ist festzustellen, dass beim Sturz aufgrund der Gravitation enorme Kräfte auftreten, die den menschlichen Körper schädigen können. Diese Kräfte sind hauptsächlich von zwei Faktoren abhängig: der Masse des Stürzenden und der Fallhöhe.

Während die Masse des Stürzenden nicht beeinflussbar ist, kann die Fallhöhe und somit die auf den Körper einwirkende Kraft mit Mitteln der Sicherung reduziert werden.

Medizinisch gesehen stellen auftretende Kräfte im Bereich bis 3 kN keine Gefahren für den Körper dar.

3.6.2 Das Hängetrauma

Das Hängetrauma ist eine Körperschädigung, die durch einen Kreislaufzusammenbruch beim freien Hängen im Seil oder in einem Gurt hervorgerufen werden kann.

Presseveröffentlichungen aus den 70er Jahren berichteten über tot aus dem Seil geborgene Bergsteiger. Fachleuten fiel das fehlende äußere Trauma bei diesen Verunfallten auf. Ähnliche Berichte waren Höhlenforscherpublikationen zu entnehmen.

Da keine äußeren und inneren Verletzungen feststellbar waren, wurde als Todesursache Unterkühlung vermutet. Spätere Obduktionsbefunde bestätigten das Fehlen von Verletzungen, stellten aber Veränderungen in Herz, Leber und Nieren fest. Diese wurden durch akuten Sauerstoffmangel hervorgerufen, der schon bei Tierversuchen nachgewiesen werden konnte.

Die Ursachen für ein freies und bewegungsloses Hängen können sehr vielfältig sein. Erschöpfung, Unterkühlung, Unterzuckerung sowie technische und psychische Probleme begünstigen diesen Umstand. Aber auch ein unerwarteter und zugleich unkontrollierter Sturz kann schwere bis tödliche Verletzungen durch Fangstoßkräfte bzw. durch einen Anprall an der Struktur nach sich ziehen. Starke Schmerzen führen dann zur gefährlichen Bewegungsunfähigkeit. Zusätzliche Schwierigkeiten entstehen durch Nervenschädigungen in den Achselhöhlen und in den Oberschenkeln, welche Spätfolgen verursachen können. Durch die aufrechte Hängeposition und die dann eintretende Bewegungsunfähigkeit der Beine (Ausfall der Muskelpumpe) kommt es zum Versacken des Blutes in die unteren Extremitäten. Dies wiederum hat zur Folge, dass der venöse Rückstrom zum Herzen vermindert wird und der Blutdruck abfällt. Im späteren Stadium tritt Bewusstlosigkeit ein (lebensbedrohlicher orthostatischer Schock).

Erkennbare Anzeichen für ein Hängetrauma sind:

- Schwindelgefühl, Übelkeit,
- Sehstörungen und Ohrensausen,
- »Eingeschlafene Extremitäten«, Kribbelgefühl,
- Wahrnehmungsstörungen,
- Atemnot,
- Tachykardie (Herzrasen),
- Hitzewallungen,
- Gesichtsblässe,

– Mangeldurchblutung des Gehirns,
– Bewusstlosigkeit.

Der Tod kann dann beim freien Hängen innerhalb weniger Minuten eintreten.

Erste Maßnahmen zur Rettung von betroffenen Personen:
– Nachalarmierung eines Notarztes und des Rettungsdienstes,
– Psychische Betreuung durch beruhigendes und informierendes Einwirken auf die betroffene Person,
– Festpunkt auf dem Seil (z. B. mit Prusikschlingen) schaffen und Person (falls ansprechbar) zum bewussten Einsatz der Muskelpumpe (Bewegung im Seil aktivieren) auffordern, dadurch wird der venöse Kreislauf unterstützt.
– Befreiung aus der Hängeposition hat oberste Priorität!
– Rettung zügig und überlegt durchführen – Panik und Stress vermeiden.

Nachdem die verletzte Person aus dem Seil gerettet wurde, besteht die Hauptgefahr durch falsche Lagerung. Eine sofortige Schocklagerung (auch wenn die Anzeichen für einen Schock vorhanden sind) würde für die gerettete Person nun den sicheren Tod bedeuten. Das in den Extremitäten versackte Blutvolumen würde schlagartig zum Herz fließen, aufgrund der Blutfülle besteht die Gefahr des Rechtsherzversagens (Bergungstod).

Verhindert werden kann dies, indem man die ansprechbare Person nach der Rettung aus dem Seil für 20 bis 30 Minuten in Kauerstellung bzw. Oberkörperhochlage positioniert und ständig überwacht. Je nach Zustand des Kreislaufes erfolgt dann der allmähliche Übergang in die stabile Seitenlage.

Bewusstlose Personen müssen langsam in stabiler Seitenlage positioniert werden, an eine erhöhte Oberkörperlage sollte auch hierbei gedacht werden (z. B. Krankentrage in Schräglage bringen).

Ein Hinweis an den Rettungsdienst kann für den Geretteten lebenswichtig sein. In der Regel werden Patienten mit den klassischen Symptomen eines Schocks auch sofort in Schocklage positioniert (Lebensgefahr).

Betroffene Personengruppen können Freileitungsmonteure, Baumpfleger, Servicedienste auf Windkraftanlagen und Funktürmen, Gebäudereiniger, Fallschirmspringer und Gleitschirmflieger, Bergsteiger, Höhlenforscher, aber auch Spezialkräfte der Polizei, des Technischen Hilfswerkes, der Bundeswehr und der Feuerwehr sein!

3.6.3 Arbeiten im Seil über einen längeren Zeitraum

Zu beachten ist auch, dass selbst jedes Mitglied einer Einheit SRHT während Übungen oder Einsatz zum Patient werden kann, denn das alleinige aufrechte Hängen im Seil, auch ohne Sturz oder Trauma, kann spezifische Schädigungen hervorrufen, eben dieses Hängetrauma. Deshalb ist unbedingt darauf zu achten, dass die Rettungskräfte sich ständig bewegen und beobachtet werden. Ein rechtzeitiger Austausch durch Reservekräfte ist nach einer bestimmten Zeit notwendig.

Der späteste Zeitpunkt soll dabei mit dem Kribbeln in den Beinen erreicht sein. Dies sind sichere Anzeichen für ein bevorstehendes Hängetrauma, das unter allen Umständen verhindert werden muss.

Zur Ergänzung der persönlichen Schutzausrüstung sollten ausreichend Prusikschlingen (Reepschnüre für Entlastung und Selbstrettung) immer griffbereit getragen werden.

3.6.4 Kälte

Temperaturen spielen ebenso wie andere Faktoren eine wichtige Rolle bei der Bewältigung der Arbeiten in Höhen und Tiefen. Nicht zuletzt müssen wir der Tatsache Rechnung tragen, dass es immer kälter wird je höher wir uns begeben.

Nun soll nicht nur der Fall angenommen werden, dass ein Angehöriger einer Einheit SRHT ausschließlich im Gebirge arbeitet. Vielmehr gehen wir von höheren Gebäuden aus, bei denen dieser Fakt ebenso zutrifft wie im Bergland. Auch bei baulichen Anlagen wie z. B. in Industriebetrieben oder auf Krananlagen haben wir die gleichen Auswirkungen wie im Bergigen, wenn auch nicht sofort spürbar. Aber eine Temperaturverringerung aufgrund zunehmender Windstärke mit zunehmender Höhe hat bestimmt schon jeder verspürt, der sich auf solche Anlagen begeben hat – sei es freiwillig oder unfreiwillig.

Sind wir nun nicht entsprechend solchen Witterungsverhältnissen gekleidet oder geschützt, werden wir diese Temperaturabsenkungen sehr schnell zu spüren bekommen. Dies beginnt in den meisten Fällen mit kalten Händen und Füßen und setzt sich sehr schnell über die Beine zum gesamten Körper fort. Die Folge davon muss sicherlich höher bewertet werden als dass wir uns nur erkälten. Denn aufkommende Unkonzentriertheit durch Zittern und Verkrampftheit in der Kälte ist sicher als gefährlicher zu bewerten, weil ihre Auswirkungen in der Praxis umso bedeutungsvoller sind. Sollten vielleicht Knoten nicht richtig gelegt und gebunden worden sein oder das Sicherungsseil wird nicht ordnungsgemäß in den Händen geführt oder der Sicherungsmann ist ständig mit seinen Gedanken in einer »warmen Stube«, hat dies mitunter direkten Einfluss auf Leben und Gesundheit anderer Personen, insbesondere solcher, die gesichert werden sollen.

Abhilfe kann hier insbesondere der Witterung entsprechende Kleidung/Ausrüstung bieten. Aber auch warme (natürlich alkoholfreie) Getränke schützen ausreichend gegen Unterkühlung, und es muss für eine kurze Einsatzfrist der vorgehenden Kräfte durch rechtzeitige Ablösung gesorgt werden.

3.5.5 Hohe Temperaturen, Strahlungswärme

Ganz im Gegenteil zu den niedrigen Temperaturen stehen Wärme und Hitze. Sei es witterungsbedingt oder aufgrund von frei werdender Wärmestrahlung – Mensch und Ausrüstung werden hierbei ähnlich belastet. Länger andauernde Einsätze bei hohen Temperaturen können zu Belastungen führen, die über das Normalmaß hinausgehen. Folge davon können Unkonzentriertheit und Dehydration – Flüssigkeitsverlust des Körpers (Ergänzung durch Flüssigkeitsgabe, bis zu 2 Liter je Stunde) sein.

3.6.6 Ionisierende Strahlung

Einsätze mit Auftreten von ionisierender Strahlung stellen sicherlich die gefährlichsten Situationen dar. Gefährlich sind sie deshalb, weil man die Strahlung bekanntlich nicht riechen, hören, sehen, schmecken und fühlen kann. Das heißt, unsere Sinneswahrnehmungen können eine radioaktive Strahlung nicht erkennen. Hierin liegt die besondere Gefahr. Zum Glück kommt diese Art von Einsätzen nicht allzu oft vor. Doch wenn es in die Bereiche solcher Anlagen geht, ist höchste Vorsicht geboten. Zunächst muss anhand von Beschilderungen o. ä. erkannt werden, um welche Art von Strahlung es sich handelt. Wir unterscheiden hauptsächlich zwei Strahlungsarten: Teilchenstrahlung und elektromagnetische Wellenstrahlung.

Bei der Teilchenstrahlung handelt es sich vorwiegend um α- und β-Strahlung. Hierbei werden kleinste Teilchen vom Strahler ausgesendet. Bei der α-Strahlung sind diese recht »groß« und haben daher nur eine geringe Reichweite. Auch aufgrund ihrer geringen Geschwindigkeit können sie schon von einem Blatt Papier abgeschirmt werden. Hier können uns schon einfache Kontaminationsschutzanzüge helfen. Der Wirkbereich dieser Strahlungsart umfasst nur wenige Zentimeter.

Bei der β-Strahlung sind die ausgesendeten Teilchen ungefähr 5000 bis 6000 mal kleiner. Somit haben sie eine geringere Masse und eine höhere Bewegungsgeschwindigkeit. Diese Teilchen durchdringen einfache Schutzmaßnahmen, wie sie bei α-Strahlung ausreichend sind. Hier kann uns nur Blei wirksamen Schutz bieten. Der Wirkbereich dieser Strahlungsart liegt im Bereich mehrerer Meter.

Anzutreffen sind die beschriebenen Strahler vorwiegend im Bereich der Medizintechnik in Form von Röntgenapparaten, wie sie häufig in Arzt- und Zahnarztpraxen vorzufinden sind. Aber auch in der Industrie können wir solchen Einrichtungen begegnen. Vielfach werden Füllstandsanzeigen von Behältern, Silos u. Ä. auf diese Weise ausgeführt. Dies sollen nur einige Beispiele dafür sein. Im Bereich des Gefahrguttransportes sind solche Strahler schon eher anzutreffen, aber das tangiert die Arbeit einer Einheit SRHT nur unwesentlich.

Das Vorkommen von Radioaktivität in Form von elektromagnetischer Wellenstrahlung beschränkt sich unseres Erachtens nach ausschließlich auf Kernkraftwerke und mit diesen im Zusammenhang stehenden so genannten Kastortransporten. Da hier die Sicherheitsvorkehrungen auf eine besondere Art und Weise durchgeführt werden, haben wir für unsere Arbeit kaum Berührungspunkte und es soll daher nicht näher darauf eingegangen werden.

Abschließend ist noch anzumerken, dass bei Einsätzen mit zu erwartender ionisierender Strahlung unbedingt Fachpersonal mit entsprechendem Messgerät hinzuzuziehen ist. Ein wirksamer Schutz, den wir selbst mit geringen Mitteln durchführen können, ist: **Abstand halten!**

Als Faustregel gilt: Die Strahlungsintensität nimmt mit dem Quadrat der Entfernung zu (wenn wir uns in Richtung Strahler begeben) bzw. ab (wenn wir uns vom Strahler entfernen). Diese Grundregel ist in jedem Falle einzuhalten.

3.6.7 Nichtionisierende Strahlung

Im Gegensatz zur vorher beschriebenen Strahlungsart kommt die nun folgende nichtionisierende Strahlung wesentlich häufiger vor. Gerade bei Arbeiten in exponierten Lagen wie z. B. auf Funk- und Telekommunikationsmasten und auf Hochhäusern werden wir mit solchen Anlagen nicht selten konfrontiert.

Zu den nicht ionisierenden Strahlungsarten gehören u. a.
- Radiofrequenzen (auch Radar),
- Mikrowellen,
- Infrarot-Strahlung,
- Strahlung aus Quellen sichtbaren Lichts,
- Laserstrahlen.

Diese Strahlungsarten zeichnen sich dadurch aus, dass sie aufgrund ihres hohen Energiegehaltes insbesondere den menschlichen Körper durchdringen und ihn somit auch von innen schädigen können. Verletzungsmuster, die von diesen Strahlungen hervorgerufen werden, sind z. B.
- Starke Erwärmung von Körperteilen, die bis zu Verkochungen führen können,
- Rötungen der Haut, Verbrennungen, Wasserblasen,
- Erwärmung oder Zerstörung des Gewebes von Haut und/oder der Augen.

Setzt man sich Mikrowellenstrahlung ungeschützt aus, so kann dies zu akuten lokalen Verbrennungen und dauernden Gesundheitsschäden führen.

Die bei stationären Telekommunikationseinrichtungen verwendeten Frequenzbänder erstrecken sich vom UKW-Band bis zu hochfrequenten Mikrowellen. Zu diesen überwiegend im Mikrowellenbereich betriebenen Anlagen zählen u. a. öffentliche und private Fernmeldenetze, Satellitenbodenstationen sowie Fernsteuerungseinrichtungen. Das Personal von Einheiten SRHT kann durchaus im Verlauf von Einsatzhandlungen in den Wirkbereich von Mikrowellen-Sendeantennen gelangen, insbesondere wenn es auf Leitern, Drehleitern, Dächern usw. arbeitet, auch Einsätze in Rundfunkstationen sind möglich.

Prinzipiell ist bei solchen Anlagen immer davon auszugehen, dass sie sich im Sendezustand befinden und somit eine Schädigung der Einsatzkräfte nicht auszuschließen ist. Vorsorglich ist in solchen Fällen der Betreiber der Anlage zu informieren bzw. herbeizurufen und eine Abschaltung der Anlage zu veranlassen.

Ist dieses nicht möglich, sind folgende Schutzmaßnahmen zu beachten:

- Das Einsatzpersonal sollte in jedem Fall vermeiden, sich direkt vor einer Mikrowellenantenne aufzuhalten und darauf achten, nicht länger als unbedingt notwendig in der Nähe der Antenne zu arbeiten.
- Als Faustformel gilt: Die Sendeleistung einer Antenne nimmt in deren Ausrichtung proportional zum Durchmesser der Schüssel zu.
- Personal mit Herzschrittmacher oder ähnlichen Geräten darf nicht in unmittelbarer Umgebung solcher Anlagen arbeiten.

Sind diese Maßnahmen nicht zu realisieren, können tragbare Radiofrequenzwarner eingesetzt werden, die vor zu starker Exposition von elektromagnetischer Wellenstrahlung warnen, indem sie bei Überschreitung einer festgelegten Toleranzschwelle einen akustischen und/oder optischen Alarm geben. Diese Geräte werden zunehmend im Fachhandel angeboten und haben sich schon vielfach unter Einsatzbedingungen bewährt.

Bei Laserstrahlung beträgt die zu erwartende Leistung in der Regel weniger als 1 mW. Jedoch können stark gebündelte Glasfasern leicht insgesamt eine Leistung von 100 mW erreichen. Eine

Glasfaserverbindung ist üblicherweise völlig gekapselt und somit ungefährlich, jedoch können Beschädigungen solcher Leitungen nie ganz ausgeschlossen werden. Hierbei sind dann Vorkehrungen zu treffen, damit das Einsatzpersonal nicht dem offenen Ende eines Glasfaserkabels ausgesetzt wird. Hauptsächliche Gefahren können dann zeitweilige Blendung sowie lokal begrenzte Verbrennungen von weichem Gewebe sein.

3.6.8 Ermüdung, Erschöpfung

Rettungen aus Höhen und Tiefen sind in der Regel länger andauernde Einsätze. Nicht nur die Rettung selber nimmt geraume Zeit in Anspruch, auch die Vorbereitungen dazu erfordern einen bestimmten Zeit- und Kraftaufwand. Gerade wenn es in extreme Höhen geht und wir keine Aufzugsmöglichkeiten haben, muss die gesamte Ausrüstung hoch getragen werden. Dies ist meist mit einem erhöhten körperlichen Energieaufwand verbunden.

Die daraus resultierende Erschöpfung kann zu lokaler Ermüdung der Muskulatur oder zu Verkrampfungen führen. Hinzu kommt, dass die geistigen Funktionen beeinflusst werden können, Konzentrationsschwierigkeiten sind meist das Ergebnis davon. Solche Anzeichen muss man unbedingt ernst nehmen und darauf reagieren. Ein sofortiger Einsatz als Retter oder Sicherungsmann kann in dieser Situation lebensgefährlich sein.

Abhilfe schafft in solchen Fällen nur taktisch kluges Vorgehen bzw. rechtzeitiges Auswechseln der Einsatzkräfte, um Überlastungen Einzelner zu verhindern (siehe auch Kapitel 3.2 – Persönliche Anforderungen)

3.7 Grundtätigkeiten

3.7.1 Befestigungspunkte (BP)

Zur Lösung von Einsatzaufgaben in absturzgefährdeten Bereichen spielt die Sicherungskette eine entscheidende Rolle. Die im Seil auftretende maximale Kraft (Fangstoßkraft) wird zum einen über den Auffanggurt auf den menschlichen Körper und zum anderen auf die Zwischensicherungen und auf den Befestigungspunkt übertragen.

Das Basiselement einer Sicherungskette ist der Befestigungspunkt mit all seinen Stärken und Schwächen.

Die technischen Parameter der einzelnen Sicherungselemente (Seilbremsen, Karabiner, Seile, Schlingen, Gurte usw.) sind bekannt und ein Versagen ist bei taktisch richtiger Vorgehensweise eher selten. Probleme können jedoch bei der Einschätzung der Befestigungspunkte hinsichtlich ihrer Belastbarkeit auftreten.

Laut DIN EN 795 (Anschlageinrichtungen) ist der Anschlagpunkt ein Einzelteil, an dem die persönliche Schutzausrüstung befestigt werden kann (Bild 3). Anschlageinrichtungen müssen mindestens 10 kN Festigkeit aufweisen.

Hierbei handelt es sich jedoch um keine Punkte, die einen Absturz im Vorstieg auffangen müssen, wie es beim Feuerwehreinsatz der Fall sein kann.

Welche Schlussfolgerungen ergeben sich hieraus für die Feuerwehrangehörigen, die sich in absturzgefährdete Bereiche begeben müssen? Stationäre Anschlageinrichtungen finden die Einsatzkräfte der Feuerwehr seltener vor.

Bild 3: Genormter Anschlagpunkt

Die Einsatzkräfte der SRHT müssen im Einsatz unter Zeitdruck und Stress eine Gefährdungsermittlung und Risikoanalyse durchführen. Im Ergebnis wird die Einsatzvariante festgelegt und die Auswahl der Befestigungspunkte getroffen.

Hier sollen ein paar Grundsätze für die Auswahl von Befestigungspunkten (BP) genannt werden, die sich in der Praxis bewährt haben:

- BP sollten einer Belastung von mindestens 10 kN standhalten. Beim Vorstieg liegt die Mindestanforderung bei 20 kN.
- Steht die Standsicherheit bzw. Tragfähigkeit nicht zweifelsfrei fest, sind weitere Festpunkte auszuwählen. Werden mindestens zwei BP verwendet, spricht man von Verankerungen. Hierbei wird zwischen statischen und dynamischen Verankerungen unterschieden.
- Last- und Sicherungsseile sind grundsätzlich an getrennten und voneinander unabhängigen BP zu installieren und gegen ein unbeabsichtigtes Lösen zu sichern.
- Sollte nur ein BP zur Verfügung stehen, muss er einer Belastung von mindestens 20 kN standhalten.

- Bandschlingen und andere Verbindungsmittel zwischen den Befestigungspunkten dürfen bei Verankerungen nur einen geringen Winkel zueinander aufweisen (möglichst < 90°), um eine Überlastung zu vermeiden. Angestrebt wird eine gleichmäßige Kraftaufteilung.
- Liegt der Abseilbereich außerhalb der Zugrichtung, sind zweckmäßige Umlenkungen zu installieren.
- Sind BP und Umlenkpunkte ihrer Form nach so beschaffen, dass sie die Ausrüstung beschädigen könnten (scharfkantig, verrostet usw.), sind geeignete Schutzmaßnahmen zu treffen (Bild 4).

Ausreichenden Schutz bieten z. B. Wolldecken, Gummischläuche (z. B. Feuerwehr-Schläuche), Rollenmodule, Kantenreiter sowie weitere industriell gefertigte Geräte wie Rohrhaken usw. (Bild 5).

- Behelfsmäßige Fixpunkte müssen geschaffen werden, wenn keine geeigneten BP vorhanden sind. Hierzu können Ringanker mit einem Lastseil um Aufzugsschächte oder Turmschäfte gelegt werden.

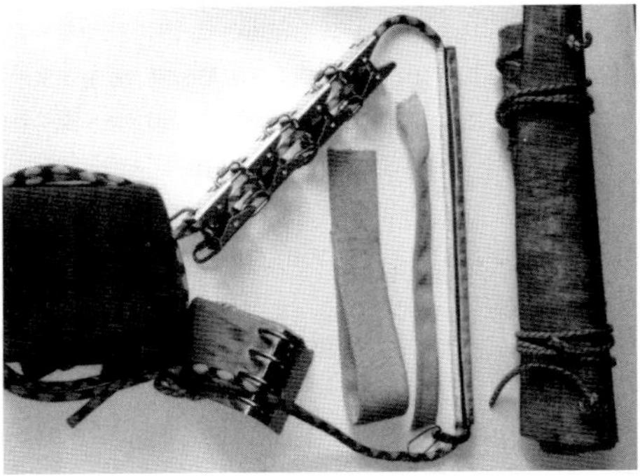

Bild 4: Verschiedene Schutzmöglichkeiten

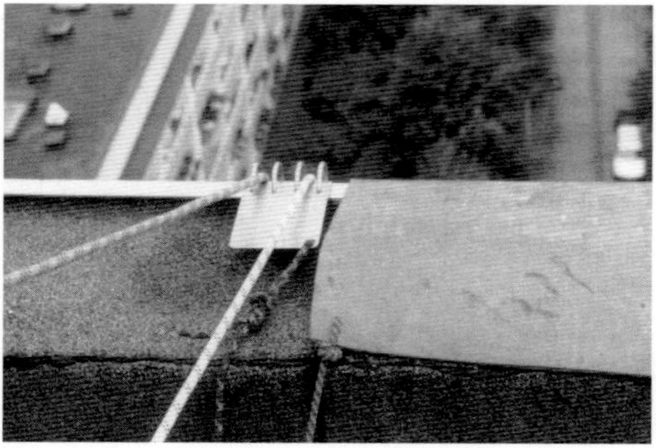

Bild 5:
Seilschutz an einer Hochhauskante

- Sind mehrere BP vorhanden, sind grundsätzlich Verankerungen in Anwendung zu bringen.

Befestigungspunkte unterliegen tagtäglich den verschiedensten Einflüssen, die die Tragfähigkeit negativ beeinflussen können. Aus diesem Grund ist es unabdingbar, die schädigenden Faktoren zu kennen, damit eine sichere BP-Auswahl getroffen werden kann. Schädigungsfaktoren können sein:

- Korrosion (starke Verrostung von Metallteilen, Abplatzen von Farbe; Rostspuren am Mauerwerk sind Anzeichen von festigkeitsmindernden Faktoren, in diesem Fall sind andere BP zu verwenden.),
- Alterung, Fäulnis,
- Verschleiß, Verringerung des Querschnitts, Materialverjüngungen,
- chemische und thermische Belastungen (Hitze, Kälte),
- Witterungseinflüsse (Sonne, Regen, Sturm),
- Materialermüdung, Risse im Baustoff u. a.

Aufgrund der Vielzahl von möglichen Faktoren ist es unmöglich eine detaillierte Aufzählung vorzunehmen. Beim Einsatz und bei der Ausbildung muss der verantwortliche Einsatzleiter bzw. der Ausbilder die Auswahl sehr gewissenhaft vornehmen.

Natürliche Befestigungspunkte

Bäume müssen »gesund« sein und im Idealfall einen Mindestdurchmesser von 300 mm haben. Die Befestigung ist zur Begrenzung des Hebeleffekts so nahe wie möglich am Boden anzubringen. Seile und Schlingen sind gegen Hochrutschen zu sichern (Bild 6).

Felsblöcke sollten sich in stabiler Lage befinden und ein Mindestvolumen von 1,5 Kubikmetern aufweisen. Hierbei sind Seile und Schlingen ebenfalls gegen Hochrutschen zu sichern.

Bild 6: Befestigungspunkt Baum

Fahrzeuge als Befestigungspunkte

Fahrzeuge sollten nur dann als Festpunkte benutzt werden, wenn sie sich an einem standsicheren Platz außerhalb des Gefahrenbereiches befinden. Der erste Gang muss eingelegt, die Handbremse angezogen sein und die Räder müssen blockiert werden. Das Fahrzeug ist abzuschließen und der Schlüssel ist dem Einsatzleiter zu übergeben.

Sollten Festpunkte in Höhen schwierig einzurichten sein, wie z. B. auf Silos, können hierzu eine Drehleiter oder ein Kran als Umlenkpunkt dienen. In diesem Fall sind die Belastungsgrenzen dieser Fahrzeuge zu beachten!

Bauliche Befestigungspunkte

Treppengeländer können grundsätzlich als BP genutzt werden, wenn sie aus Metall und miteinander verschweißt sind. Dabei sollte das Anschlagen der Seile so nah wie möglich an Befestigungen erfolgen, um die Hebelkraft günstig zu gestalten. Eine Befestigung an den Handläufen ist grundsätzlich zu vermeiden.

Verschweißte **Balkonbrüstungen** können genutzt werden, da sie fest mit dem Bauwerk verbunden sind (Verbindungen sind zu prüfen).

Verschraubte und eingehängte Balkonbauteile eignen sich nicht. Verzierungen, Verkleidungen, Tafeln usw. dürfen auf keinen Fall verwendet werden, da ihre Befestigungen am Bauwerk in der Regel nicht ausreichend sind. Balkonteile, Geländer auf Dächern (Dachgärten usw.) sind vor der Nutzung genau auf den baulichen Zustand zu prüfen. Beachte vor allem Witterungseinflüsse und daraus ableitende Korrosion und Verminderung der Tragfähigkeit.

Rohrleitungen an und in Objekten sind nur unter bestimmten Voraussetzungen nutzbar. Sie können als BP verwendet werden, wenn sie aus Stahl sind und die Verbindungen verschweißt wurden. **Achtung!** Durch Rohre in Industrieanlagen können plötzlich heiße Medien strömen, der Schmelzpunkt von Seilen liegt bei 215 °C. Für den Seilschutz können z. B. Rohrhaken verwendet werden.

Selbstverständlich ist an Rohrleitungen auch auf austretende Chemikalien zu achten. Diese oder Reste davon können sich negativ auf die Ausrüstung auswirken. Die Nutzung solcher Rohrleitungen als BP ist dann nicht möglich. Verschraubte Rohrverbindungen sind ebenfalls nicht geeignet. Die Gewinde könnten bei Belastungen ausreißen. Sollten Rohrverbindungen genutzt werden, ist darauf zu achten, dass aufgrund einer günstigen Hebelwirkung möglichst an Wand- oder Fußbodendurchbrüchen angeschlagen wird.

Stationäre Leitern sind als BP gut geeignet, wenn sie aus Stahl sind und fest im Mauerwerk verankert wurden. Wichtig ist auch die Beachtung der zu erwartenden Zugrichtung. Beim Setzen von Zwischensicherungen sind Bandschlingen nicht nur an den Sprossen, sondern auch an den Holmen zu befestigen.

Steigeisen, die einzeln in den Beton oder im Mauerwerk eingelassen sind, sollten **nicht** als BP genutzt werden. Witterungseinflüsse und Korrosion können die Festigkeit und die Materialstärke der Steigeisen auf ein gefährliches Maß reduziert haben.

Antennenträger sind ideale Festpunkte. In den meisten Fällen werden sie durchgängig hinter der Wand mit einer Platte oder einem Profil verankert. Allerdings ist bei deren Nutzung eine mögliche Strahlenbelastung der Einsatzkräfte zu prüfen.

Sicherlich gibt es noch viele andere Möglichkeiten, Schlingen und Seile zu befestigen. Den Grundsatz des sicheren Arbeitens und der Risikominimierung darf man dabei nie aus den Augen verlieren. Fehler bei der BP-Auswahl können schwere Folgen für die Einsatzkräfte und für zu rettende Personen aber auch für den Einsatzleiter nach sich ziehen.

Verankerungen

Unter einer Verankerung verstehen wir grundsätzlich das Verwenden von mehreren, mindestens jedoch von zwei Befestigungspunkten.

Hier gibt es verschiedene Möglichkeiten:

Statische Verankerungen

- Verankerungen, die nur als Nachsicherung genutzt werden, haben keine kraftaufteilende Wirkung. BP bleiben in Reserve und übernehmen erst eine tragende Funktion, wenn der erstbelastete BP versagt. Eine Änderung der Zugrichtung ist ohne günstige Lastverteilung auf die BP möglich (Bild 7).
- Verankerungen mit kraftaufteilender Wirkung sind solche, bei denen mehrere BP genutzt und in vorher festgelegter Zugrichtung an einer Stelle zusammengeführt werden. Hierbei werden die genutzten BP nicht in jedem Falle gleichmäßig belastet.

Dynamische Verankerungen

- Verankerungen, die kraftaufteilende Wirkung auf mehrere BP haben. Hierbei werden alle genutzten BP gleichmäßig belastet (z. B. beim Kräftedreieck). Eine Änderung der Zugrichtung ist bei gleichmäßiger Lastverteilung auf alle BP möglich.

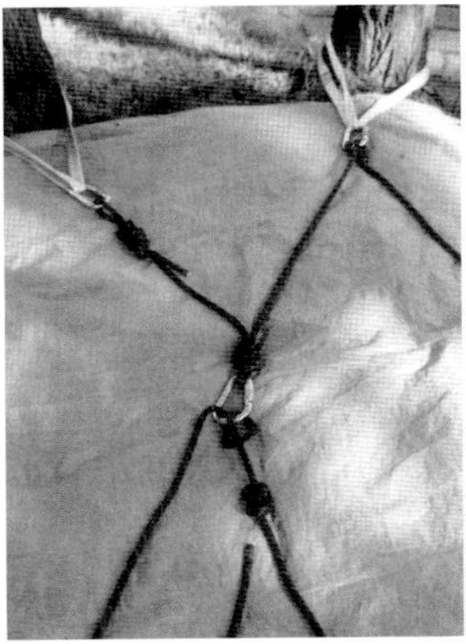

Bild 7: Statische Verankerung

Kräftedreieck

Werden die zur Verfügung stehenden BP mittels Bandschlinge verbunden, muss ein Strang der Bandschlinge um 180° verdreht werden. Danach wird der Karabiner in die entstandene Öse und in den Ring der Bandschlinge eingehängt. Bei einem unvorhersehbaren Versagen eines BP rutscht die Schlinge nicht aus dem Karabiner.

3.7.2 Lastsysteme

Sind am Befestigungspunkt angebrachte Kernmantelseile, die im Regelfall die Last (Retter und/oder die zu rettende Person) tragen. Sie werden grundsätzlich statisch belastet. Arbeitsseile/Lastseile können Seile nach EN 1891 (Kernmantelseile mit geringer Dehnung) bzw. nach EN 892 (Bergseile) sein.

3.7.3 Sicherungen

Zusätzlich zu jedem Lastsystem ist ein zweites System für einen Notfall zu installieren: Das Sicherungssystem. Sicherungen sind fester Bestandteil eines redundanten Abseilsystems. Das heißt, wenn ein Segment des Lastsystems versagt, wird die sich im Seil befindliche Person durch das Sicherungssystem aufgefangen.

Sicherungskette

Die Sicherungskette umfasst alle verwendeten Elemente eines Sicherungssystems. Die im Falle eines Sturzes auftretende Fallenergie (Fangstoß) wird durch das Seil auf den Befestigungspunkt, die Seilbremse, die Zwischensicherungen bis hin auf den im Gurt eingebundenen Stürzenden übertragen. Hierbei wird die auftretende, zum Teil sehr hohe Sturzenergie (Vorstieg), auf ein »erträgliches Maß« (ca. 4–5 kN) reduziert.

Elemente der Sicherungskette (Vorstieg) sind z. B.:
- Befestigungspunkt (mindestens 20 kN),
- Bandschlinge oder Seil in Verbindung mit Mastwurf und Achterknoten,
- Seilbremse (bei HMS Doppelverschluss-Karabiner) und Haltekraft des Sicherungsmannes,
- Sicherungsseil (beim Vorstieg 11 mm Dynamikseil in Verbindung mit Zwischensicherungen),
- Retter/Vorsteigender im eingebundenen Gurtsystem.

Der **Fangstoß** ist die maximale Kraft, mit der die Sicherungskette bei einem Sturz belastet wird (vergleiche Kapitel »Physikalische Grundlagen«).

Der **Sturzfaktor** ist eine theoretische Größe und bestimmt die Schwere eines Sturzes. Er ist das Verhältnis aus der freien Fallhöhe und der ausgegebenen Seillänge. Der Fangstoßwert kann bei einem Sturz durch die Veränderung des Sturzfaktors beeinflusst werden. In erster Linie wird dies durch die Verringerung der Fallhöhe erreicht. Hierzu wird sich der Installation von Zwischensicherungen (Bandschlinge + Karabiner + BP) bedient, welche in bestimmten Abständen anzubringen sind. Wesentlicher Vorteil hierbei ist, dass bei relativ gering gehaltener Fallhöhe sich die ausgegebene Seillänge permanent erhöht.

Beim horizontalen Vorstieg (Querstieg) verhindern sie einen möglichen Anprall an die Struktur (Kranturm, Gittermast …).

Sicherungsarten

Direkte Sicherung

Der Sicherungsmann befindet sich direkt in der Sicherungskette. Im Falle eines Sturzes wird sein Körper mit den hierbei auftretenden Kräften belastet. Dadurch kann der Sichernde sehr schnell aus dem Stand gerissen werden und selbst abstürzen. In der Speziellen Rettung wird diese Art der Sicherung von Personen grundsätzlich **nicht** verwendet.

In Kletterhallen ist es jedoch üblich, zur Sicherung die Seilbremse direkt am Gurt zu befestigen.

Indirekte Sicherung

Bei dieser Sicherungsart befindet sich der Sicherungsmann außerhalb der Sicherungskette und wird somit nicht mit den beim Sturz auftretenden Kräften belastet. Die verwendete Seilbremse wird an einem Befestigungspunkt installiert.

Die indirekte Sicherung wird in der SRHT bei sehr vielen Einsatzvarianten verwendet. Ausnahmen bilden z. B. das aktive Abseilen im Doppelseil und das aktive Abseilen mit Eigensicherung.

Wesentlicher Vorteil dieser Sicherungsart ist, dass der Sicherungsmann im Falle der Beanspruchung der Sicherung immer handlungsfähig bleibt (siehe Grundvarianten).

Statische Sicherung

Unter einer statischen Sicherung versteht man die Sicherung ohne Seilbremse. Das Sicherungsseil wird direkt am Befestigungspunkt angeschlagen. Verwendung findet diese Art der Sicherung beim Zurückhalten (Person erreicht die Absturzkante nicht) oder beim Positionieren (Eigensicherung am Standplatz).

Dynamische Sicherung

Bei der dynamischen Sicherung wird eine Seilbremse verwendet. Hiermit wird ein kontrollierter Seildurchlauf im Falle eines Sturzes ins Sicherungssystem erreicht. Dabei wird die auftretende Fallenergie durch Seilreibung in Wärmeenergie umgewandelt.

Sicherungsvarianten

Egal ob die Sicherung von oben, unten oder auf gleicher Höhe erfolgt, es wird grundsätzlich immer die Kombination der indirekt-dynamischen Sicherung zur Anwendung gebracht.

Wie schon beschrieben, wird eine Seilbremse an einem BP installiert, wobei sich der Sicherungsmann außerhalb der Sicherungskette positioniert. Seilbremsen ohne automatische Blockiervorrichtung (z. B. Abseilacht, HMS, Rettungshaken mit Sicherungsöse) sind in Vorstiegssituationen vorzugsweise einzusetzen. Der Vorteil dieser Seilbremsen besteht darin, dass sie bei einem kontrollierten Seildurchlauf (Länge des Durchlaufes hängt von der Reaktion und der Haltekraft des Sicherungsmannes ab) Fallenergie durch auftretende Reibung in Wärmeenergie umwandeln. Es wird von einem »weichen Sturz« gesprochen.

Der unkontrollierte aber auch der kontrollierte Seildurchlauf bergen im Falle eines Sturzes Gefahren in sich:

Der Stürzende kann aufschlagen, anprallen oder an hervorstehenden Strukturen hängen bleiben. Ein guter Ausbildungs- und Trainingszustand des Sicherungsmannes (übrigens schwächster Punkt in der Sicherungskette) reduziert das bestehende Restrisiko auf ein akzeptables Maß.

Zur Verhinderung eines unkontrollierten Seildurchlaufes beim Abseilen/Ablassen wird auf der Brems- oder Lastseite des Sicherungsseiles eine Durchlaufsicherung z. B. Kurzprusik angebracht.

Selbstsicherung

Selbstsicherungen werden verwendet, wenn kein Sicherungsmann zur Verfügung steht. Es handelt sich um eine statische Sicherung, die entweder mitgeführt werden muss (z. B. Prusik) oder selbstständig am Sicherungsseil mitläuft (z.B. Stickrun oder Rocker, siehe Bild 8). Es ist darauf zu achten, dass die Verbindung zum Gurtsystem nicht länger als 50 cm ist (Expressschlinge plus Karabiner sind ausreichend).

Achtung! Die meisten mitlaufenden Auffanggeräte an beweglichen Führungen sind nur in Verbindung mit bestimmten Seilen (System) zugelassen.

Sicherungsgrundsätze

Zur Vermeidung von Unfällen sind nachfolgende Sicherungsgrundsätze unbedingt zu beachten:

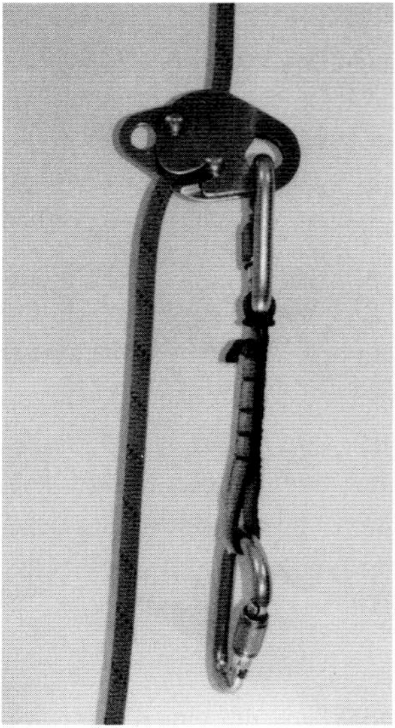

Bild 8: Rocker

- Partnerscheck (4-Augenprinzip), dabei wird laut und deutlich die Sicherheit abgefragt, Karabiner werden visuell und manuell auf Verschlusssicherheit überprüft, Knoten werden kontrolliert und müssen gesichert sein!
- Jede Person ist zweckmäßig zu sichern, wenn sie sich im absturzgefährdeten Raum befindet.
- Vor jedem Ausstieg ist der Verlauf des Sicherungsseiles zu überprüfen.
- Seilbremsen sind in ausreichender Entfernung von Kanten, Fensterbänken usw. zu installieren.

- Das Sicherungsseil muss mit beiden Händen fest umfasst werden, sie sollten auf der Bremsseite 1 Meter von der Seilbremse entfernt sein. Handschuhe sind zu tragen!
- Das Sicherungsseil ist immer straff zu führen!
- Ständig kommunizieren (Sichtkontakt, Funk) und alle Aktionen im Seil miteinander abstimmen.
- Bei Unregelmäßigkeiten Ruhe bewahren!

4 Einsatzmöglichkeiten

Die Spezielle Rettung aus Höhen und Tiefen ist ein Verfahren, welches unter Anwendung spezieller Methoden, Geräte und Ausrüstungen viele Möglichkeiten der Rettung von Personen sowohl aus Höhen als auch aus Tiefen zulässt. Es kommt vorwiegend dort zur Anwendung, wo andere Ausrüstungen und Rettungsverfahren der Feuerwehren wie z. B. Drehleiter, Helikopter, Hubsteiger usw. aufgrund von technischen, witterungs- und zugangsbedingten Abhängigkeiten nicht bzw. nur mit großem Risiko für die Einsatzkräfte einsetzbar sind.

Grundsätzliche Einsatzmöglichkeiten und Beispiele:

- Sicherung von Einsatzkräften in absturzgefährdeten Bereichen (z. B. bei Restlöscharbeiten, bei möglicher Einsturzgefahr, beim horizontalen und vertikalen Vorstieg auf Krananlagen, Windkraftanlagen, Gittermasten, bei Sturmeinsätzen auf Dächern usw.)
- Technische Hilfeleistung in Höhen und Tiefen (z. B. zur Sicherung und Bergung von Bauteilen, beim Einsatz von hydraulischen Rettungsgeräten in absturzgefährdeten Bereichen usw.)

Einsatzbeispiele:

- Pirelli-Hochhaus in Mailand
- Ein 10 kg schwerer Zeiger einer Turmuhr in München droht aus 45 m Höhe auf einen Kinderspielplatz zu stürzen.

- Personenrettung am Vertikalseil (z. B. von Sendemasten, Brücken, Arbeitsbühnen, Windkraftanlagen, vom Kran, aus Gondeln usw.); hierbei kann die Rettung im Hängesitz oder die Rettung mittels Krankentrage durchgeführt werden.

Einsatzbeispiele:

- Verunglückter Kranmonteur mit Wirbelsäulenfraktur auf einem 45-m-Turmdrehkran in Frankfurt am Main wird an zwei Seilen in einer Trage sicher auf den Boden gebracht.
- Unter der Autobahnbrücke »Werratal« an der Bundesautobahn 7 verharren zwei Arbeiter Stunden auf einer Arbeitsbühne in 60 m Höhe und werden gerettet.
- Rettung eines jungen Mannes durch die Frankfurter Feuerwehr; aus Liebeskummer wollte er von einem 40 m hohen Kran springen.
- Unfall eines Monteurs in einer Windkraftanlage auf einer 60-m-Plattform in der Nähe von Dortmund.
- Bergung eines Suizidenten von einem Hochspannungsmast durch die Berufsfeuerwehr Magdeburg.

- Personenrettung am schräg oder waagerecht verspannten Seil, auch Schrägseil oder Seilbahn genannt, von exponierten Punkten, Hochhausdächern, Felsen, Klippen, usw. (Bild 9).
- Rettung und Bergung von Personen aus Silos, Schächten, Brunnen, Steinbrüchen usw. mit speziellen Geräten, und falls erforderlich auch unter Atemschutz. Zum Einsatz kommen hierbei Flaschenzüge mit Rücklaufsicherung.

Einsatzbeispiele:

- In Kehlheim/Niederbayern stürzte ein Arbeiter in einen 80 m tiefen Brunnenschacht, die Person konnte nur noch geborgen werden.

Bild 9: Schrägseil am Hochhaus

- 28-jährige Person stürzte am 13. August 1996 in einen 45 m tiefen Steinbruch am Rochlitzer Berg und wurde durch den Höhenrettungsdienst der Berufsfeuerwehr Chemnitz gerettet.
- Am 29. März 2003 stürzt ein sechsjähriger Junge im niederländischen Kerkrade 15 m tief in ein Entwässerungsrohr und wurde durch Spezialisten der Berufsfeuerwehr Aachen gerettet.

Die Einsatzbeispiele zeigen wie vielfältig die Möglichkeiten der Rettung und Bergung von Personen aus Höhen und Tiefen sein können und dass …

- bei bestimmten Einsätzen der Aufenthalt mehrerer Einsatzkräfte/Personen in absturzgefährdeten Bereichen erforderlich sein kann.
- ohne speziell ausgebildetes und ausgerüstetes Personal Einsätze überhaupt nicht oder nur mit unverhältnismäßig hohem Risiko hätten durchgeführt werden können.
- die beim Ab- und Aufseilverfahren verwendeten Geräte, Ausrüstungen und Technologien sowie taktischen Vorgehensweisen, insbesondere die Sicherungstechnik, das Unfallrisiko bei Einsatzhandlungen in Höhen und Tiefen erheblich verringert haben.
- die Rettung Verunfallter wesentlich schneller möglich ist, wodurch die Folgen von Verletzungen minimiert wurden bzw. deren Tod vermieden werden konnte.
- eine Konfrontation mit in Panik geratenen Personen möglich sein kann.
- im Interesse einer höchstmöglichen Sicherheit grundsätzlich redundant vorgegangen werden muss.
- ein überörtlicher Einsatz von ausgewählten Feuerwehren sinnvoll ist.

Damit hat sich bestätigt, dass die Anwendung des Ab- und Aufseilverfahrens eine wertvolle Ergänzung zu den herkömmlichen Methoden der Rettung von Personen und der Gefahrenabwehr darstellt.

Im Kapitel 10 – Taktische Varianten werden unter anderem die abgeleiteten Grundeinsatzvarianten näher beschrieben.

5 Geräte und Ausrüstung

5.1 Seile

»Feuerwehr und Bergsteiger bevorzugen vielfach die gedrehten Seile, weil die Rißfestigkeit bei diesen am größten ist. Bei sachgemäßer Verarbeitung und sorgsamer Auswahl des Fasermaterials lassen sich jedoch auch geflochtene und gewebte Seile von hoher Festigkeit herstellen.«

Dies berichtete die Zeitschrift für Feuerschutz und Rettungswesen »FEUER UND WASSER« im Jahre 1921.

Gegenwärtig werden bei den Feuerwehren in Deutschland Feuerwehrleinen (Spiralgeflecht-Seil) und Kernmantel-Seile zur Rettung und Sicherung von Personen eingesetzt. Hierbei ist die Einsatzgrenze der Feuerwehrleine exakt vorzunehmen, denn diese ist nur für das Rückhalten, Halten und für das Selbstretten geeignet.

Die Feuerwehrleine muss nach DIN 14926 einer Höchstzugkraft von 14 kN standhalten und eine elastische Dehnung von mindestens 4,5 Prozent aufweisen.

In Knoten und an Kanten reißt die Leine schon bei geringeren Werten. Statische Zugversuche ergaben, dass eine neue Feuerwehrleine zwischen ca. 6,8 und 9,6 kN im Knoten (Pfahlstich) reißen kann.

Demzufolge sind offene Seilkonstruktionen (Spiralgeflechte o.ä.) nicht für Einsätze mit Absturzgefahr zu verwenden – sie dürfen nicht sturzbelastet werden.

Für solche Einsätze oder Arbeiten sind spezielle Seile vorzusehen, die im Weiteren beschrieben werden.

Kernmantelseile

Bei der Speziellen Rettung aus Höhen und Tiefen kommen Kernmantelseile zum Einsatz. Diese Seile bestehen aus einem Kern, der für die Lastaufnahme zuständig ist, und dem äußeren Mantel, der den Kern vor Beschädigungen und Verschmutzungen schützt (Bild 10). Haupteinsatzgebiete sind Rettung, Sicherung sowie Fortbewegung und Transport. Sie lassen sich im Wesentlichen in statische und dynamische Seile unterteilen.

Statikseile

Ihre Hauptverwendung finden sie in der Funktion als Lastseil (z.B. beim Ablassen von Personen, beim aktiven Abfahren im Seil,

Bild 10: Kernmantelseile

beim Aufbau von Flaschenzügen und beim Errichten von Seilbahnen). Darüber hinaus können sie auch insbesondere bei Hochhauseinsätzen oder bei Einsätzen an Windkraftanlagen als Sicherungsseil dienen. Einzige Ausnahme hierbei bildet der Vorstieg (Tabelle 3).

Tabelle 3: Anforderungen an Statikseile

Anforderungen aus Sicht SRHT:	
Statikseil (Einfachseil nach DIN EN 1891, Typ A)	
Einsatzgebiete: Last- und Sicherungsseil für alle Einsatzvarianten der speziellen Rettung, mit Ausnahme des Vorstieges	
– Durchmesser:	10,5 bis 11 mm
– Zugkraft (mindestens):	30 kN
– Gebrauchsdehnung:	2,5 bis 3 %

Beim Vorstieg werden ausschließlich **dynamische Seile** nach EN 892 zur Anwendung gebracht. Diese besitzen eine sehr hohe Dehnungsfähigkeit und verfügen somit über eine große Energieaufnahme (Tabelle 4).

Tabelle 4: Anforderungen an Dynamikseile

Anforderungen aus Sicht SRHT:	
Dynamikseil (Einfachseil nach DIN EN 892)	
Haupteinsatzgebiet: Sicherungsseil beim Vorstieg	
– Durchmesser:	10,5 bis 11 mm
– Sturzzahl (mindestens):	14
– Scharfkantentest:	ein Sturz über Kante mit Radius 0,75 mm
– Mantelverschiebung:	0
– Fangstoßkraft:	kleiner 9 kN
– Gebrauchsdehnung:	6 bis 8 %
– Die Seile sollten krangelarm sein.	

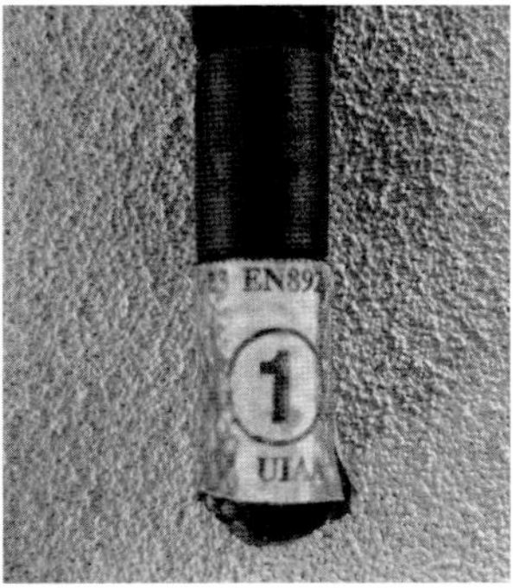

Bild 11: Kennzeichnung Einfachseil

Der Seildurchmesser unterscheidet die Kernmantelseile in Einfachseile und Halbseile. **Einfachseile** dürfen als Einzelseil benutzt werden und haben einen Durchmesser zwischen 10,0 und 11,5 mm. Das Seil bietet große Vorteile in der Handhabung und ist besonders gut für Rettungseinsätze geeignet.

Halbseile dürfen nur als Doppelseil eingesetzt werden und besitzen einen Durchmesser von 8,5 bis 9,0 mm. Auch werden diese Seile in konfektionierten Rettungssystemen verwendet, wo ausschließlich statisch gearbeitet wird.

Die Kennzeichnung der Seile erfolgt mittels Banderolen an den Seilenden. Für Einfachseile steht die »1« und für Halbseile »1/2« (Bild 11).

Gefahren beim Einsatz mit Seilen

Sturz

Eine Sturzgefahr besteht immer dann, wenn sich Einsatzkräfte in einer Vorstiegssituation befinden (Masten, Bäume, Kran ...). Je nach Sturzrisiko müssen in bestimmten Abständen Zwischensicherungen angebracht werden. Die mögliche Sturzhöhe muss dabei immer so gering wie möglich gehalten werden.

Bei einem Sturz ins Seil werden durch die Sturzenergie messbare Kräfte innerhalb der Sicherungskette erzeugt. Bei festgelegten Prüfbedingungen werden die Sturzversuche so oft wiederholt, bis das Seil reißt (Normsturzzahl).

Die Prüfbedingungen sind beim Normsturztest für die dynamischen Seile sehr hart:

- Sicherung erfolgt absolut statisch,
- Fallhöhe beträgt etwa 5 m,
- Fallgewicht für Einfachseil beträgt 80 kg,
- Freie Seillänge 2,80 m,
- Sturzfaktor 1,784 und
- Kantenradius am Umlenkpunkt beträgt 5 mm.

Hochwertige Dynamikseile überstehen gegenwärtig 14 bis 19 Normstürze bruchfrei. Sie weisen somit eine hohe Sicherheitsreserve und dementsprechend eine hohe Gebrauchsdauer auf. Nach einem Sturz mit Sturzfaktor größer 1 sind belastete Seilmeter auszusondern.

Kommen Seile bei der Feuerwehr zur Anwendung, bestehen die größten Gefahren durch scharfe Kanten (Stahlprofile, Betonkanten, Bruchkanten ...) und durch Hitzeeinwirkung, wie z. B. bei Restlöscharbeiten, an Rohrleitungen usw. (Bild 12).

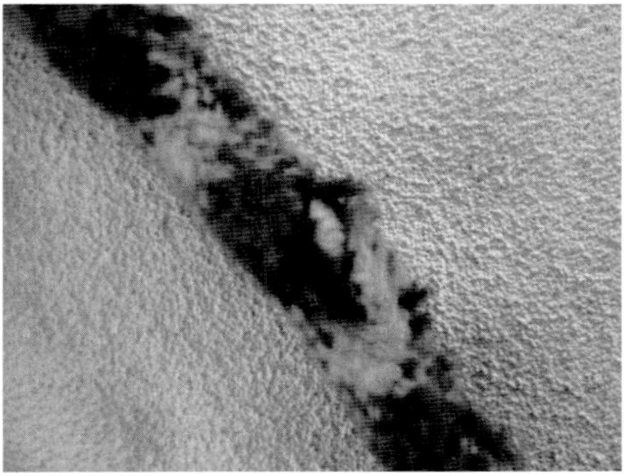

Bild 12: Beschädigtes Seil nach Sturz über eine Kante

Dynamische Kernmantelseile verlieren ihre Festigkeit bereits bei Temperaturen ab 215 °C.

- Seile müssen deshalb vor offenen Flammen und Wärmestrahlung geschützt werden. Sie können mittels Schutzrohr nass gehalten und somit wirkungsvoll gekühlt werden.
- Abseilgeschwindigkeiten sollten nicht größer als 2 m/s sein. Bei einer Rettung ist die Geschwindigkeit auf 1 m/s zu reduzieren. Bei Nichtbeachtung können durch starke Reibung Schmelzspuren auf dem Seilmantel entstehen.
- Niemals Holz als Kantenschutz für laufende Seile verwenden.
- Seile dürfen nicht übereinander oder unmittelbar nebeneinander laufen (z. B. in einem Karabiner). Durchtrennungsgefahr!

Chemikalien

Ein weiterer Gefahrenpunkt sind Chemikalien, die bei Einsätzen in Industrieanlagen freigesetzt werden können, aber auch bei Restlöscharbeiten eine Rolle spielen. Der Kontakt z. B. mit Säuren und Laugen ruft Veränderungen der Seilfasern hervor, die die Lastaufnahmefähigkeiten verringern. Seile müssen daher nach jeder Beaufschlagung mit solchen Stoffen sofort ausgesondert werden.

Gebrauchsdauer/Prüfung/Lagerung und Aussonderung von Seilen

Die **Gebrauchsdauer** eines Seiles ist abhängig von äußeren Einflüssen, Anwendungsart, Intensität und Häufigkeit der Benutzung. Auch klimatische Bedingungen haben Einfluss auf die Lebensdauer eines Seiles. Die Gebrauchsdauer richtet sich vor allem danach, was die einzelnen Hersteller angeben. Die Palette reicht von weniger als einem Jahr bei täglichem Gebrauch bis zu maximal acht bis zehn Jahren bei Nichtbenutzung und optimaler Lagerung.

Prüfung

Seile müssen vor und nach jedem Gebrauch visuell und manuell auf einwandfreien Zustand geprüft werden. Dabei wird das Seil locker durch die Hand geführt, Beschädigungen können somit zusätzlich ertastet werden. Jede Anwendung (Dauer, Art der Anwendung, ggf. Vorkommnisse) sollte in einem Seiltagebuch vermerkt werden, damit immer eine Aussage über den Zustand des Seiles möglich ist.

Lagerung und Pflege von Seilen beeinflussen entscheidend ihre Lebensdauer. Seile müssen in trockenen, schattigen Räumen gelagert werden. Eine direkte Sonneneinstrahlung sollte unbedingt vermieden werden, weil UV-Strahlung die Seileigenschaften verändert.

Bild 13:
Sichtbarer Kern

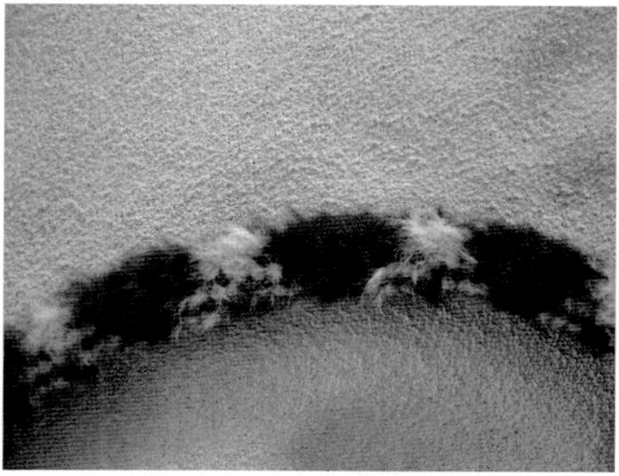

Bild 14:
Starke Pelzbildung durch häufigen Gebrauch

Optimal sind konstante Lagertemperaturen zwischen 10 °C und 20 °C bei einer relativen Luftfeuchte von 40 bis 65 %. Dabei sollen die Seile in einer lockeren, losen Form aufbewahrt werden.

Nass gewordene Seile sind lose an einem schattigen Ort aufzuhängen. Auf keinen Fall dürfen sie in Säcken oder anderen Behältnissen eingelagert werden. Das gleiche gilt für das Trocknen an Heizungen, in der Sonne bzw. im Wäschetrockner.

Die **Aussonderung** der Seile ist grundsätzlich sofort durchzuführen

- nach Kontakt mit Chemikalien,
- nach starken Verschmutzungen (Öle, Fette, Schmierstoffe, Teer ...),
- nach einer Sturzbelastung mit Sturzfaktor größer 1,
- wenn eine Mantelbeschädigung aufgetreten und der Kern sichtbar ist (Bild 13),
- wenn der Mantel Pelzbildung und starken Abrieb aufweist (Bild 14),
- bei starken Deformationen (z.B. Versteifungen, Knickstellen, fühlbaren Verhärtungen, Verjüngungen ...),
- nach starker thermischer Belastung (Reibungshitze, Schmelzspuren ...).

Reepschnüre (nach DIN EN 564)
Reepschnüre sind dünne Kernmantelseile mit einem Durchmesser von 4 bis 8 mm. Sie werden aufgrund ihrer vielfältigen Anwendungsmöglichkeiten in der Speziellen Rettung verwendet. In Form von Prusikschlingen werden sie ständig von den Einsatzkräften getragen. Prusikschlingen werden mittels Spieren- oder Sackstich so verknotet, dass mindestens 8 mm lange Enden überstehen. Die Schlingen besitzen eine Länge von 60 bis 90 cm. Als Kurzprusik werden sie zur Hintersicherung von Seilbremsen bzw. als Selbstsicherung eingesetzt. Mit zwei so genannten Prusikschlingen kann man am Seil unter Verwendung eines Klemmknotens (Prusikknoten) auf- und absteigen.

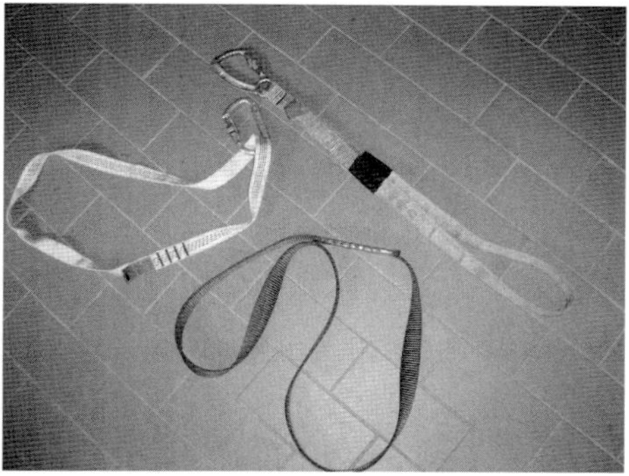

Bild 15:
Bandschlingen

Weiterhin werden sie zur Befestigung von Gerätschaften (Seilschutz ...) verwendet.

5.2 Bandschlingen

Bandschlingen nach DIN EN 354, EN 566 und EN 795 werden als Verbindungs- und Anschlagmittel in der Speziellen Rettung eingesetzt. In Verbindung mit Karabinern dienen sie für Zwischensicherungen beim Vorstieg. Bei der Herstellung von Verankerungen sind sie unerlässlicher Bestandteil der Ausrüstung (Bild 15).

Die in der Speziellen Rettung aus Höhen und Tiefen verwendeten Materialien müssen ständig dem aktuellen Stand der Entwicklung von Rettungs- und Sicherheitstechnik angeglichen werden. Dabei sind die bestehenden rechtlichen Bestimmungen zu beachten.

5.3 Persönliche Schutzausrüstung für den speziellen Retter aus Höhen und Tiefen

Die personengebundene Mindestausstattung ist Tabelle 5 zu entnehmen (Bilder 16 bis 20).

Tabelle 5: Personengebundene Mindestausstattung

1	Brust-Sitzgurtkombination oder Auffanggurt, Anseilgurt	 **Bild 16:** Gurte
1	Verbindungsmittel für die Selbstsicherung	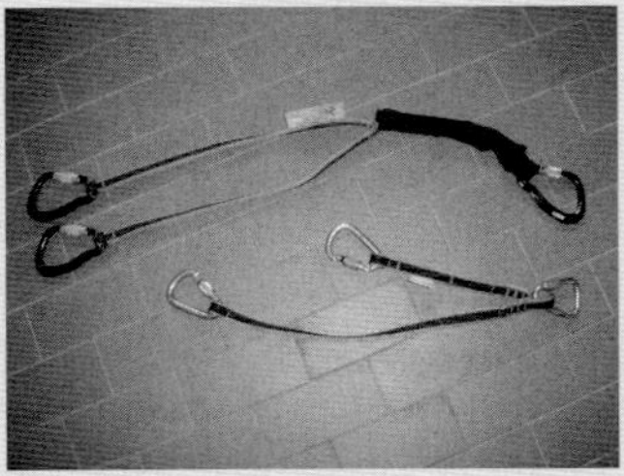 **Bild 17:** Verbindungsmittel

1 für die Höhenrettung geeigneter Helm nach EN 12492 und EN 397

Bild 18: Schutzhelm

1 Paar Schutzhandschuhe

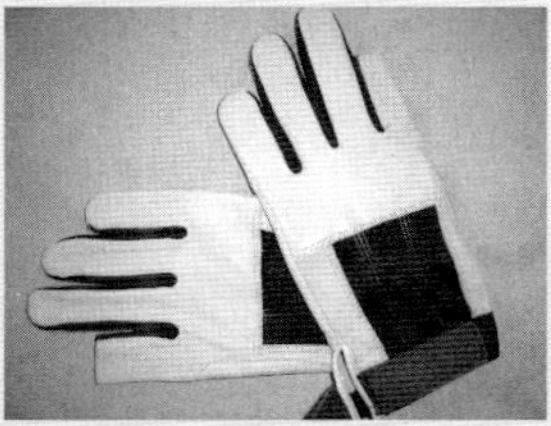

Bild 19: Schutzhandschuhe

1 Paar Feuerwehr-Schnürstiefel

1 Kappmesser oder Schere

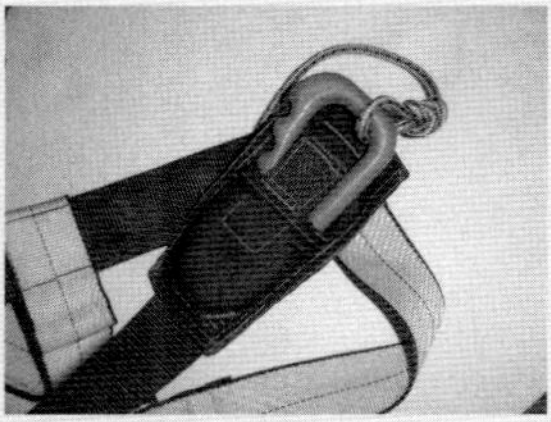

Bild 20: Kappmesser

2 Reepschnüre, 6 bis 8 mm (Prusikschlingen)

Zusätzlich ist ein wetterfester Overall zu empfehlen. Alle Abbildungen wurden beispielhaft dargestellt und erheben keinen Anspruch auf Vollständigkeit.

5.4 Persönliche Schutzausrüstung für eine Einheit SRHT

Zusätzlich zu den Persönlichen Schutzausrüstungen der Retter wird ein Geräte- und Ausrüstungspool als Mindestausstattung empfohlen (Tabelle 6).

Tabelle 6: Mindestausstattung für eine SRHT-Einheit

6	Einfachseile, Kernmantelkonstruktion (100 m)	Siehe Kapitel 5.1 Seile
5	HMS-Karabiner mit Doppelverschluss-System	Zur Verwendung für die Halbmastwurfsicherung
5	Seilklemmen	Zum Setzen von Festpunkten auf einem Seil
5	Abseilachter (Rescue)	Zur schnellen Selbstrettung und zu Sicherungszwecken
5	Paar Seilklemmen mit Griff (5 linke und 5 rechte)	Speziell zum Aufsteigen am Seil
5	Seilrollen mit ovalen Karabinern	Zum Umlenken von Seilen, Aufbau von Flaschenzügen, …
5	Express-Schlingen mit 2 Karabiner	Karabiner mit Verschlusssicherung!
5	Abseilgeräte, die für die Rettung geeignet und zugelassen sind	z. B. DSD25/30, I'D, DRD 60, Radeberger Haken

20	Bandschlingen – endlos vernäht	15 Schlingen 60 bis 80 cm 5 Schlingen 120 cm Siehe Punkt Bandschlingen
50	Karabiner mit Verschluss-sicherung	
1	Rolle Reepschnur (100 m), 6 bis 8 mm	
1	Rettungsgurt nach EN 14098 Typ B	z. B. Rettungsdreieck – vorzugsweise mit Schultergurten
1	Rettungsweste oder Auffang-gurt nach EN 361	Als Rettungs- und Sicherungs-mittel
1	Schleif- und Abseiltrage bzw. Korbtrage	
	Seilschutz, auch für Band-schlingen geeignet	Für laufende Seile ist metalli-scher Seilschutz vorzuziehen.
	Ausstiegshilfen	Strickleiter, Schlingen, ...
5	Helmlampen	
1	Fernglas	
1	Notfallrucksack	Ersthilfematerial
5	Handsprechfunkgeräte	Eins davon für den 4-m-Band-bereich
11	Transportbehältnisse	Seilsäcke, Ausrüstungssäcke, Kisten, ...

Weitere Geräte und Ausrüstungen sind den örtlichen und objektbedingten Verhältnissen anzupassen bzw. hinzuzufügen.

5.5 Geräte

Im Folgenden werden wichtige Grundsätze bei der Auswahl und Anwendung von Geräten vorgestellt.

Allgemeine Kriterien bei der Geräteauswahl

- Alle Geräte müssen genormt und überprüft sein!
- Welche Geräte werden für welchen Zweck und in welcher Anzahl verwendet?
- Sind die Geräte universell und sicher einsetzbar beim Abseilen, Ablassen, Aufsteigen am Seil, als Rücklaufsperre beim Flaschenzug usw.?
- Ist die Kompatibilität der Geräte untereinander gewährleistet?
- Der Umfang des Ausrüstungspools richtet sich nach den Ergebnissen der durchgeführten Gefährdungsermittlungen.

Anwendung

- Vor Anwendung der Geräte müssen die Herstellerangaben studiert werden.
- Die Verwendungsmöglichkeiten und die Grenzen der Anwendung müssen unbedingt bekannt sein.
- Die vorhandenen Geräte und Ausrüstungen müssen von jedem speziellen Retter beherrscht werden, denn Halbwissen ist sehr gefährlich.
- Vor jedem Einsatz ist eine Funktionsprüfung durchzuführen.

Überprüfung der Geräte

- Die Geräte müssen vor jeder Indienstnahme und persönlichen Zuweisung überprüft werden.
- Sie sind vor und nach jedem Gebrauch (Ausbildung, Übung, Einsatz) zu prüfen.
- Textilprodukte müssen im Abstand von maximal drei Monaten, Metallprodukte im Abstand von maximal zwölf Monaten einer gründlichen Inspektion unterzogen werden.
- Geräte, die der EU-Richtlinie 89/656/EWG unterliegen, sind im Abstand von maximal zwölf Monaten durch den Hersteller oder einen Sachkundigen zu prüfen.
- Abseilgeräte gemäß EN 341 müssen nach einer Abseilarbeit von 7,5 Megajoule vom Hersteller geprüft werden.

5.5.1 Karabiner

Karabiner sind universelle Verbindungselemente. Es gibt sie in verschiedenen Formen und mit unterschiedlichen Verschluss-Systemen (Bild 21). Hierbei sind hauptsächlich Schraubverschlüsse und Schnappverschlüsse vorzufinden. Während bei den Schraubverschlüssen der Karabinerverschlussmechanismus in »normaler« Position offen ist, besitzen andere Karabiner wie z. B. Twistlock Plus und Ball-Lock einen automatischen Doppelverschluss, sodass sich die Karabiner nicht unbeabsichtigt öffnen können.

Auch vom Material her werden Karabiner in mehrere Gruppen eingeteilt. Im Wesentlichen gibt es Stahl- und Aluminiumkarabiner.

Der ausgewählte Karabinertyp muss für die vorgesehene Verwendung geeignet sein was seine Form und den Verschließmecha-

Bild 21:
Karabiner

nismus betrifft. Allerdings besteht hier grundsätzlich die Gefahr des Versagens der automatischen Verschlussmechanismen. Sie sind deshalb vor der Anwendung zu kontrollieren.

Gängige Verschluss-Sicherungen sind:
- Schraubverschluss,
- Twistlock-Verschluss und
- Twistlock-Plus-Verschluss.

Grundregeln zum Einsatz von Karabinern:
- Karabiner sind vor Belastung immer ganz zu schließen, der Verschluss ist zu kontrollieren. Offene Aluminiumkarabiner können schon zwischen 7 und 10 kN brechen.
- Bei Schraubkarabinern besteht eine grundsätzliche Gefahr des Öffnens des Verschlusses durch Seillauf oder Vibrationen (z. B. in Industrieanlagen und beim Einsatz mit Hubschraubern).

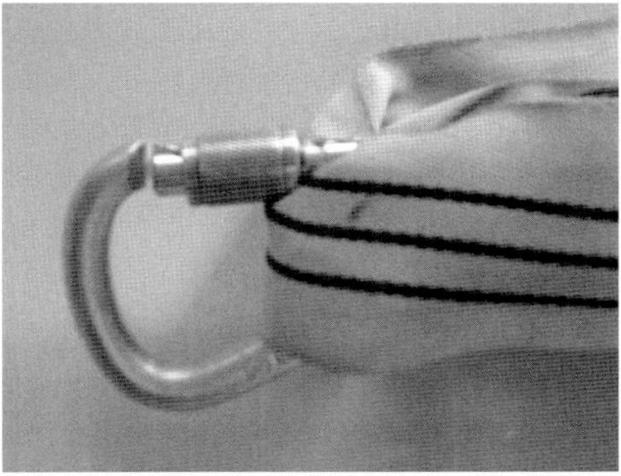

Bild 22: Ungünstige Belastung

- Karabiner dürfen nicht in einer anderen als der vorgesehenen Richtung belastet werden (Quer- oder Klinkenbelastung).
- Knickbelastung ist auszuschließen.
- Karabinerketten sind zu vermeiden.
- Unfälle haben gezeigt, dass Verschlüsse unter ungünstigen Bedingungen aufgesprengt werden können (Bild 22).

5.5.2 Abseilgeräte

Die in der Tabelle 7 aufgelisteten Abseilgeräte und Seilbremsen werden bei den Feuerwehren vorwiegend zur Rettung verwendet (Bilder 23 bis 25).

Tabelle 7: Abseilgeräte nach EN 341

DRD 60 Abseilgerät mit Autostop- und Panikstopfunktion *Zur Anwendung mit Einfachseil- und Doppelseiltechnik*	 **Bild 23:** Abseilgerät DRD 60
I'D Selbstbremsendes Abseilgerät mit Antipanikvorrichtung *Zur Anwendung mit Einfachseil und Sicherungsseil zum Aktiven Abseilen, Ablassen und Übernehmen von Personen*	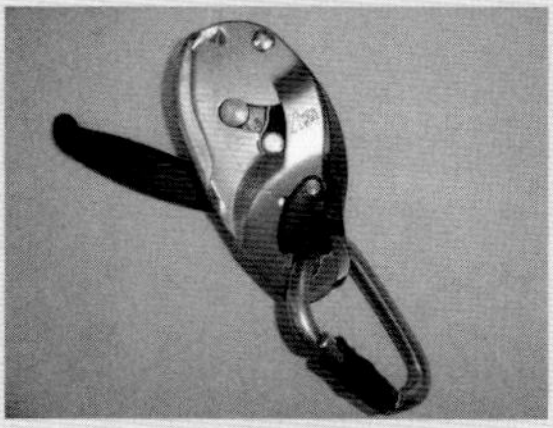 **Bild 24:** Abseilgerät I'D

DSD 25 und DSD 30
Abseil- und Positionierungsgerät mit Doppelstop-Funktion

Zur Anwendung mit Einfachseil und Sicherungsseil zum Aktiven Abseilen, Ablassen und Übernehmen von Personen

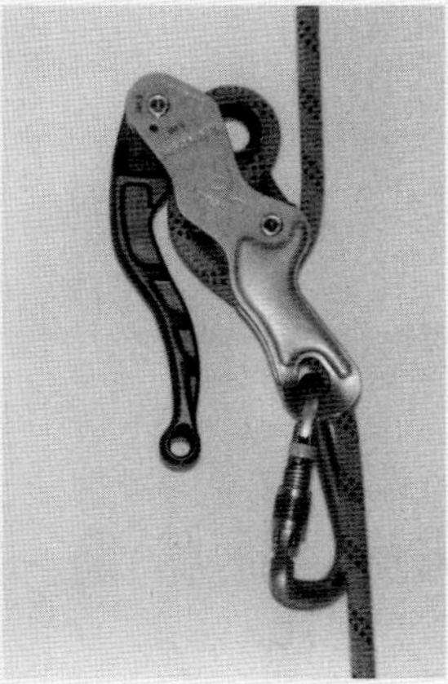

Bild 25: Abseilgerät DSD 25

Neben den in Tabelle 7 vorgestellten Abseilgeräten gibt es noch spezielle Abseilgeräte (Tabelle 8, Bilder 26 und 27).

Tabelle 8: Spezielle Abseilgeräte

Rettungshaken mit Sicherungsöse nach DIN 34300 (Radeberger Haken)

Sichern, Aktives Abseilen, Ablassen und Übernehmen von Personen im Einfach- und Doppelseil ohne Autostop-Funktion

Bild 26: Rettungshaken mit Sicherungsöse

Abseilachter »Rescue«

Sichern, Aktives Abseilen, Ablassen und Übernehmen von Personen im Einfach- und Doppelseil ohne Autostop-Funktion

Bild 27: Abseilachter „Rescue"

6 Organisation der Speziellen Rettung aus Höhen und Tiefen

6.1 SRHT im Dienstbetrieb einer Feuerwache

Bei der Integration einer speziellen Rettungsgruppe in den Dienstbetrieb einer Feuerwache ist zu beachten, dass folgende interne Arbeitsaufgaben zu bewältigen sind:
- Organisation des Einsatz- und Übungsdienstes,
- Finanzplanung und Beschaffung,
- Dokumentation im Personal- und Gerätebereich,
- Durchführung von Gefährdungsermittlungen,
- Erstellung von Richtlinien, Lehrunterlagen, Publikationen,
- Sachkundeprüfungen usw.

Die Organisation der speziellen Rettung sollte deshalb in folgende Schwerpunkte unterteilt werden:
- Verwaltungsorganisation,
- Aus- und Fortbildung,
- Einsatzbereitschaft.

Zur effizienten Bewältigung dieser Schwerpunkte sind folgende Verantwortungsbereiche notwendig:

Leiter der speziellen Rettung (Verwaltungsorganisation)
- Organisation,
- Personal,

- Statistik,
- Haushalt,
- Kontakte,
- Organisation Ausbildungsobjekte (z. B. Abklärung mit Rechtsträgern),
- Publikationen intern und extern (Medien),
- Vorbereitung und Durchführung von Präsentationen.

Verantwortlicher der Aus- und Fortbildung
- Organisation der Ausbildung,
- Fortbildung und Training der speziellen Retter,
- Unfallverhütungsvorschriften,
- Erarbeitung und Aktualisierung von Ausbildungsunterlagen,
- Erarbeitung von Interventionstechniken und deren Dokumentation,
- Erarbeitung von Ausbilderinformationen,
- Organisation von Ausbildungsobjekten (z. B. Terminabsprachen in Vorbereitung einer Ausbildungsmaßnahme, Objektauswahl usw.).

Verantwortlicher Gerätewart
- Anleitung weiterer Gerätewarte,
- Geräteprüfung und -verwaltung,
- Dokumentation/Gerätenachweis,
- Planung der Ersatzbeschaffungen,
- Lagerverwaltung,
- Gerätebereitstellung für die Ausbildung,
- Vorbereitung von bestimmten Ausbildungseinheiten.

6.2 SRHT im Einsatz

Kommt eine Einheit SRHT zum Einsatz, handelt es sich vorwiegend um technische Rettungseinsätze. Hierbei sind selbstverständlich die Grundregeln des Einsatzdienstes zu beachten und einzuhalten. Dazu gehören insbesondere:

- Anwesenheit eines Einheitsführers,
- truppweises Vorgehen der Rettungskräfte,
- stellen eines Rettungstrupps.

Aus diesen angeführten Gründen soll die Einsatzstärke einer Einheit SRHT mindestens aus einem Einheitsführer und vier Einsatzkräften (1:4) bestehen.

Die Mindestausstattung für den Einsatz dieser Rettungseinheit wurde bereits im Punkt 5.3 beschrieben.

Kommt die Spezielle Rettungseinheit zum Einsatz, ist der Ausbilder auch der Führer der Gruppe. Er entscheidet in Abstimmung mit dem Einsatzleiter Feuerwehr, welche Verfahren und Geräte zum Einsatz kommen.

Der Ausbilder der Speziellen Rettungseinheit entscheidet auch darüber, welche Rettungswege und Befestigungspunkte genutzt werden. Er ist dem Einsatzleiter Feuerwehr unterstellt.

Sollte kein Ausbilder vor Ort sein, übernimmt der erfahrenste Angehörige der Einheit die Führung des speziellen Einsatzes.

Grundsätzlich gilt, dass in Abhängigkeit von den örtlichen Gegebenheiten und dem vorhandenen Gefahrenpotential über die Schaffung von speziellen Rettungseinheiten entschieden werden muss. In diesem Zusammenhang ist auch der überörtliche Einsatz in Erwägung zu ziehen.

6.3 Zusammenarbeit mit anderen Behörden und Organisationen

Die nichtpolizeiliche Gefahrenabwehr – und dazu gehören ausnahmslos auch Feuerwehreinsätze – obliegt der Verantwortung der jeweiligen Gemeinde, in deren Territorium ein Schadensfall eintritt. Hierzu gibt es nicht nur Festlegungen in den Brandschutz- und Hilfeleistungsgesetzen der Länder, sondern auch in den Gesetzen über die Gewährleistung der öffentlichen Sicherheit und Ordnung. In Vertretung der zuständigen Kommune wird in Schadensfällen gleich welcher Art in der Regel die örtlich zuständige Feuerwehr zum Ereignis gerufen. Da sie im Auftrag der Kommune handelt, obliegt ihr in diesen Fällen auch die gesamte Führung an der Einsatzstelle. Mit anderen Worten ausgedrückt heißt das: Der Einsatzleiter wird in erster Linie von der kommunalen Feuerwehr gestellt. Solange die Kommune eine eigene Einheit SRHT unterhält, gibt es darüber auch keine Meinungsverschiedenheiten. Erst wenn es um den überörtlichen Einsatz einer Höhenrettungsgruppe geht, kann es zu »Kompetenzgerangel« unter Führungskräften kommen. Die eine Führungskraft der Feuerwehr ist zwar örtlich zuständig – kann aber eine technische Rettung nicht durchführen. Die andere Führungskraft (Führer der Einheit SRHT einer Feuerwehr im überörtlichen Einsatz, Führungspersonal von Spezialkräften der Bundesanstalt Technisches Hilfswerk, der Polizei oder der Bundeswehr) ist fachlich zuständig – kann Personen aus eventuellen Zwangslagen retten oder befreien – darf aber keine Entscheidungen treffen, die die Interessen der Kommune berühren oder einschränken. Dieser Umstand ist keineswegs vorteilhaft für eine sichere und zügige Rettung von Personen. Hier gilt der Grundsatz:

Die örtlich zuständige Feuerwehr ist örtlich zuständig!

Alle anderen am Einsatz beteiligten Organisationen, Ämter und Behörden ordnen sich freiwillig dieser ehernen Hierarchie unter.

Wie bei den »üblichen« Feuerwehreinsätzen, gilt auch bei der Speziellen Rettung das Gebot zur kollegialen Zusammenarbeit mit anderen Behörden und Ämtern. Partner, mit denen wir gemeinsam an einer Einsatzstelle wirken, sind beispielsweise Rettungsdienst – sofern er nicht von der eigenen Feuerwehr gestellt wird, Ordnungsämter, Gesundheitsämter sowie die Gewerbeaufsicht. Selbstverständlich dürfen wir hier die Kräfte der Polizei nicht unerwähnt lassen.

7 Aus- und Fortbildung

Zur Gewährleistung eines hohen Sicherheitsstandards bei Einsätzen und Übungen in absturzgefährdeten Bereichen hat die Ausbildung das Ziel, Feuerwehrangehörige zur professionellen Handhabung der Geräte und Ausrüstungen während der Anwendung des Ab- und Aufseilverfahrens zu befähigen. Die Umsetzung der Einsatzvarianten, auch unter extremen Bedingungen, ist der Garant für einen erfolgreichen Einsatz. Erforderliche Ausbildungsinhalte werden je nach Lehrgangsart unterschiedlich festgelegt.

Die Aus- und Fortbildung der geeigneten Einsatzkräfte wird in folgenden Lehrgängen durchgeführt:

- Grundlehrgang »Spezielle Rettung aus Höhen und Tiefen«,
- Ausbilderlehrgang »Spezielle Rettung aus Höhen und Tiefen«,
- Fortbildungslehrgang für Ausbilder »Spezielle Rettung aus Höhen und Tiefen«.

In einigen Feuerwehren gibt es noch die Standortausbildung zum Einheitsführer SRHT. Aufgrund der Seltenheit wird im Folgenden nicht näher auf diese Ausbildung eingegangen.

7.1 Grundlehrgang SRHT

Mit einem »Schnupperkurs« fängt alles an!

Erfahrene und kluge Mitglieder einer Einheit SRHT, insbesondere die Führungskräfte, schauen sich bei Zeiten nach Verstärkung, aber auch nach Ersatz von Mitgliedern einer Rettungseinheit um. So gibt es in jeder Feuerwehr einige Angehörige, die sich nicht nur für die Arbeit einer Einheit SRHT interessieren, sondern sich auch dafür eignen. Nach den bereits beschriebenen gesundheitlichen Anforderungen gibt es auch fachliche Voraussetzungen für die Zulassung zur Absolvierung des Grundlehrganges SRHT. Diese sind:

- abgeschlossene Grundausbildung der Feuerwehr und
- abgeschlossener Lehrgang »Arbeiten im absturzgefährdeten Bereich«.

Eine Ausbildung zum Rettungssanitäter ist hierbei zweckmäßig und empfehlenswert – jedoch nicht Bedingung.

Der Umfang der Grundausbildung beträgt mindestens 80 Stunden. Die Ausbildungsinhalte sind vorwiegend auf die Vermittlung von Grundwissen im Umgang mit Seilen, Geräten und Techniken gerichtet. Einen Schwerpunkt bilden dabei die Grundeinsatzvarianten gemäß der Empfehlung der AGBF. Jeder Absolvent eines Grundlehrganges muss in der Lage sein, die verschiedenen Rettungsvarianten sicher zu beherrschen und anzuwenden. Dabei spielt es keine Rolle, welche Funktion innerhalb der Einheit SRHT zu übernehmen ist. Ob als Retter, Sicherungsmann oder Unterstützender – sämtliche Handgriffe müssen auch unter Stress und bei fehlender oder schlechter Sicht sitzen. Nur so kann von sicherem Arbeiten die Rede sein. Auch die Ergebnisse der generellen oder standortbezogenen Gefährdungsermittlung und Risikobewertung fließen in die Grundausbildung mit ein.

Die Grundausbildung wird durch Ausbilder entweder als Standortausbildung in der jeweiligen Feuerwehr oder an einer Landesfeuerwehrschule durchgeführt.

Die endgültige und verbindliche Zulassung zum Einsatz als spezieller Retter kann erst erfolgen, wenn die erworbenen Kenntnisse, Fähigkeiten und Fertigkeiten von dem Feuerwehrangehörigen in Form einer theoretischen und praktischen Prüfung erfolgreich nachgewiesen wurden.

Erst nach erfolgreicher Absolvierung der Grundausbildung kann sich ein Absolvent »Höhenretter« nennen und verlässlich in der Gruppe als Retter oder Sicherungsmann eingesetzt werden.

7.2 Ausbilderlehrgang SRHT

»Nur Retten« reicht nicht!

Lange Zeit haben wir in der Einheit SRHT mitgearbeitet, es hat Spaß gemacht und wir haben auch den einen oder anderen Erfolg zu verzeichnen. Nicht nur die Grund- und laufenden Ausbildungen interessierten uns. Nein – es ist die Praxis! Nach der abgeschlossenen Grundausbildung konnten wir unsere Fähigkeiten unter Beweis stellen. Nicht nur bei Demonstrationen und Vorführungen zeigten wir, was wir können. Es sind die realen Einsätze, die unser ganzes Können abverlangen. Auch wenn einige Einheiten der Speziellen Rettung eher selten zum Einsatz kommen, sind wir dennoch bereit, unser Wissen und unsere Erfahrungen weiterzugeben. Darüber hinaus sind wir der Meinung, jetzt auch Entscheidungen über den Verlauf von Rettungsaktionen treffen zu können. Der Besuch eines Ausbilderlehrganges wird fällig.

Fachliche Voraussetzungen für die Zulassung zum Ausbilderlehrgang sind:

- abgeschlossener Grundlehrgang SRHT,
- abgeschlossene Führungsausbildung und
- mindestens ein Jahr (besser sind zwei Jahre) Erfahrung als spezieller Retter.

Eine Ausbildung zum Rettungssanitäter ist zweckmäßig und empfehlenswert. Bedingung ist jedoch eine erfolgreich abgeschlossene Ersthelferausbildung.

Der Umfang dieser Ausbildung beträgt wiederum mindestens 80 Stunden.

Die Zulassung zum Einsatz als Ausbilder und Einsatzleiter in einer speziellen Rettungseinheit kann wiederum erst erfolgen, wenn die erworbenen Kenntnisse, Fähigkeiten und Fertigkeiten in Form einer theoretischen, schriftlichen und praktischen Prüfung nachgewiesen wurden.

Der Lehrgang Ausbilder »Spezielle Rettung aus Höhen und Tiefen« wird ausschließlich an einer Landesfeuerwehrschule durchgeführt.

7.3 Fortbildung

Zur Erhaltung und kontinuierlichen Erhöhung des Leistungsstandes sowie der Leistungsfähigkeit ist eine regelmäßige Fortbildung der speziellen Kräfte unbedingt erforderlich. Umfang und Inhalt werden entsprechend den spezifischen Einsatzerfordernissen im Ergebnis der Gefährdungsermittlung ständig neu bestimmt (Bild 28).

- Jährlich sind von den Ausbildern und den speziell ausgebildeten Feuerwehrmännern SRHT mindestens 72 Stunden praktische Ausbildung (Übung) zu absolvieren. Das entspricht einem Zeitumfang von sechs Stunden pro Monat. Die Stunden sind entsprechend nachzuweisen (z. B. Nachweisbuch).

Falls die Fortbildung im Verlaufe eines Jahres nicht in vollem Umfang durchgeführt werden kann, ist ein Einsatz in einer speziellen Rettungseinheit grundsätzlich nicht mehr möglich. In diesem Fall müssen der Leistungsstand und die Fertigkeiten erneut in geeigneter Form nachgewiesen werden. Der Leiter SRHT am Standort entscheidet über den weiteren Einsatz dieser betroffenen Mitglieder der Einheit.

- Jeder Ausbilder SRHT sollte im Zyklus von drei Jahren einen externen Fortbildungslehrgang an einer Landesfeuerwehrschule absolvieren.
- Alternativ dazu sind entsprechend den spezifischen Einsatzanforderungen Fortbildungsmaßnahmen bei anderen Anwendern des Ab- und Aufseilverfahrens mit Ausbildungsinhalten wie Berg-

Bild 28: Vorstellung neuer Geräte

rettung, Flugrettung, Baumrettung, Sachkundeschulungen PSA, Umgang mit suizidgefährdeten Personen usw. zu empfehlen.

- Darüber hinaus sollten auf regionaler und nationaler Ebene Fortbildungsveranstaltungen wie Fachtagungen, Seminare oder Symposien besucht werden, bei denen Einsatz- und Unfallauswertungen sowie Erfahrungsaustausche (z. B. zu neuen Rettungstechniken, Geräten und Ausrüstungen) behandelt werden.

8 Knoten

8.1 Allgemeines

Seilverbindungen sind notwendig für die Arbeit in der Speziellen Rettung. Knoten werden zur Herstellung von Seilverbindungen verwendet und sind der Beginn einer Einsatzvariante. Knoten müssen verstanden und in jeder Situation, auch bei Dunkelheit, in Stresssituationen, unter Atemschutz und in Zwangslagen sicher beherrscht und gebunden werden können. Knotentraining kann man mit verbundenen Augen, auf dem Rücken oder einhändig hängend sehr gut durchführen. Nach erfolgreich absolviertem Training kann man auch unter Stressbedingungen im Einsatz sicher Seilverbindungen herstellen. Zielstellung ist es, mit wenigen Knoten viel zu erreichen; je weniger Knoten, umso sicherer und effizienter wird der Einsatz.

Aus der Vielzahl möglicher Knoten wurden solche ausgewählt, die sich für die Spezielle Rettung aus Höhen und Tiefen als besonders geeignet erwiesen haben.

Zu beachten ist auch, dass die Anzahl der Knoten auf einem Seil auf ein Mindestmaß zu reduzieren ist, da jedes Seil beim Knoten mehrere Biegungen erfährt, die Zug- und Druckkräfte im Seil entstehen lassen.

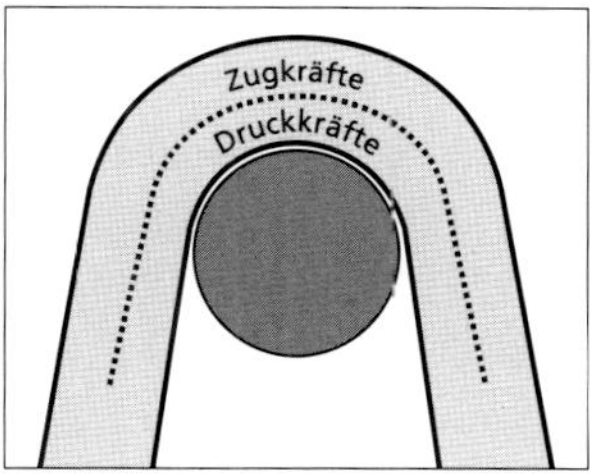

Bild 29: Biegung eines Seiles beim Umlenken oder durch einen Knoten

Da ein Seil bei Belastung in der Regel Zugkräfte aufnehmen muss und bei Biegung eine Zone der Druckkräfte entsteht, verringert sich somit die Fähigkeit des Seiles Zugkräfte aufzunehmen. Je größer der Grad der Biegung, d.h. je kleiner der Biegeradius, desto geringer ist die Aufnahmefähigkeit für Zugkräfte – das Seil reißt »schneller« (Bild 29).

Aus diesen Gründen sollen vorzugsweise Knoten mit großen Umlenkungen (z.B. Achterknoten und Mastwurf) verwendet werden.

Grundsätzlich wird in folgende Knoten unterschieden:
- Befestigungsknoten,
- Bremsknoten,
- Klemmknoten und
- Verbindungsknoten.

Bei der Anwendung von Knoten ist folgendes zu beachten:
- Jeder Knoten mindert die Reißfestigkeit eines Seiles um bis zu 50 Prozent.

- Jeder Knoten am Ende eines Seiles ist mit einem Spierenstich/Kreuzschlag zu sichern.
- Die aus einem Knoten herausragenden freien Seilenden müssen mindestens eine Länge des Zehnfachen vom Seildurchmesser in Zentimeter haben.
- Der Seilverlauf im Knoten muss sauber und übersichtlich sein (parallele Verläufe).
- Klemmknoten (z. B. Prusik) müssen mit mindestens drei Umschlingungen ausgeführt werden.
- Jeder Knoten ist nach dem Binden festzuziehen.

8.2 Befestigungsknoten

Befestigungsknoten werden in der Regel dazu verwendet, sowohl Last- als auch Sicherungsseile direkt am Befestigungspunkt anzubringen.

Mastwurf

Der Mastwurf ist ein Befestigungsknoten, der sich mühelos an bzw. um Befestigungspunkte anbringen lässt. Seine großen Umlenkradien und die Fähigkeit, sich unter Belastung selbst festzuziehen, idealisieren diesen Knoten nahezu, insbesondere Last- aber auch Sicherungsseile anzuschlagen (Bild 30).

Bild 30: Mastwurf mit Sicherung

Vorteile
- schnell und unkompliziert zu binden
- Verwendung an Festpunkten mit großen Radien
- kann leicht wieder gelöst werden
- kann schnell nachreguliert werden

Nachteil
- kann sich unter Belastung lösen, wenn nicht gesichert

Sackstich

Der Sackstich wird sowohl als Befestigungsknoten verwendet, als auch zum Verbinden zweier Seile. Auch zum Schaffen eines Festpunktes auf einem Seil ist er gut geeignet (Bild 31).

Bild 31: Sackstich mit Sicherung

Vorteil
– schnell und unkompliziert zu binden
Nachteil
– ist nach großer Belastung schwer zu öffnen

Achterknoten

Der Achterknoten wird vorwiegend als Verankerungsknoten am Karabiner verwendet. Darüber hinaus dient er als Befestigungsknoten am Rettungsgurt, insbesondere für das Sicherungsseil.

Bild 32: Achterknoten mit Sicherung

Ebenso kann er als Verbindungsknoten für zwei Seile gleicher Stärke verwendet werden.

Grundsätzlich muss der Knoten sauber gelegt werden, d.h. der Seilverlauf im Knoten muss parallel sein, die Seile dürfen sich nicht kreuzen (Bild 32).

Vorteil
– hohe Reißfestigkeit, da große Radien des Seiles im Knoten
Nachteil
– ist nach Belastung schwer wieder zu öffnen

Achterknoten mit doppelter Schlaufe

Diese besondere Form des Achterknotens zeichnet sich dadurch aus, dass zwei Schlaufen aus dem Knoten herausragen, die sowohl

Bild 33: Achterknoten mit doppelter Schlaufe

gleichmäßig oder ungleichmäßig, als auch gegeneinander belastet werden können. Somit eignet er sich als Verankerungsknoten für ein Seil an zwei Punkten (Bild 33).

Die Schlaufenlängen können je nach Bedarf eingestellt werden, sollten aber immer unterschiedlich sein. Danach ist der Knoten unbedingt festzuziehen, da sich andernfalls die Schlaufen und somit der Knoten wieder lösen können. Letzteres gilt auch bei Bruch einer Schlaufe.

Vorteil
- zwei, auch unterschiedlich belastbare Schlaufen

Nachteil
- Knoten kann sich auch bei Bruch einer Schlaufe lösen

Schleifknoten

Der Schleifknoten wird als verstellbarer Befestigungsknoten vorwiegend zum statischen Sichern des Halbmastwurfes während des Stillstandes angewandt. Er wird mit dem lastfreien Ende um das Lastende gebunden, anschließend mit einem Spierenstich gesichert. Hierbei ist darauf zu achten, dass der Schleifknoten so nahe wie möglich am HMS gebunden wird, um ein Durchlaufen des freien Seilendes zu verhindern. Beim Lösen des Schleifknotens muss das freie Seilende unbedingt festgehalten werden, um ein unkontrolliertes Durchlaufen des Seiles und somit Absenken der Last zu verhindern (Bild 34).

Bild 34: Halbmastwurfsicherung mit Schleifknoten

Vorteile
- lässt sich sehr leicht binden
- kann auch zum Sichern von Abseilgeräten verwendet werden

Nachteil
- ungesichert kann er sich bei Nichtbelastung selbstständig öffnen

8.3 Bremsknoten

Bremsknoten werden zur Regulierung von Ab- und Aufseilgeschwindigkeiten und vorwiegend zum Sichern verwendet.

Halbmastwurf

Der Halbmastwurf ist ein sehr einfacher, aber wirkungsvoller Bremsknoten, der vorzugsweise zur dynamischen Sicherung eingesetzt wird. Er passt sich problemlos jeder Zugrichtung an, springt sofort bei Zugrichtungsänderung um und ordnet sich selbstständig.

Darüber hinaus kann er zum Abseilen (Selbstrettung) verwendet werden (Bild 35).

Bild 35: Halbmastwurfsicherung

Vorteile
- geringes Gewicht
- gute Bremswirkung, auch bei Zug nach unten
- Bremswirkung zwischen 200 und 300 daN

Nachteile
- weniger seilschonend durch Krangelbildung
- schnelles Seilausgeben ist schwieriger als z. B. beim Abseil-Achter
- nur bedingt zum Abseilen tauglich
- bei falscher Seilführung ist eine Selbstaushängung möglich

Fazit: guter Sicherungsknoten, weil einfach im Handling!

8.4 Klemmknoten

Klemmknoten werden im Allgemeinen zum Schaffen eines Festpunktes auf dem Seil verwendet. Sie »umschlingen« das jeweilige Seil bei Belastung und klemmen es somit sofort und fest ein. Sie können nach großer Belastung leicht wieder geöffnet werden. Im entspannten Zustand lassen sie sich in jede Richtung verschieben und somit beliebig positionieren.

Prusik

Der Prusik ist ein Klemm- oder auch Blockierknoten, der in der Regel mit Reepschnur unterschiedlicher Länge auf einem Seil gebunden wird. Unter Belastung zieht er sich zusammen und klemmt somit das Seil, auf dem er sich befindet, ein.

Die Anzahl der Umschlingungen um das Hauptseil sind indirekt proportional im Verhältnis vom Seildurchmesser zum Reep-

Bild 36: Prusikknoten

schnurdurchmesser anzubringen, d.h. je größer die Differenz, desto weniger Umschlingungen sind erforderlich.

Zu beachten ist, dass sich der Verbindungsknoten der Reepschnur nicht innerhalb der Umschlingungen befindet, sondern in der Nähe des Karabiners zu positionieren ist.

Verwendung findet der Prusik z.B. beim Auf- und Absteigen, zur Selbstbefreiung nach einem Sturz, zur Seilentlastung beim Knotenüberfahren nach einer Seilverlängerung sowie zur Herstellung von Flaschenzügen als Rücklaufsperre und als Durchlaufsicherung in Verbindung mit Abseilgeräten (Bild 36).

Vorteile
- leicht auszuführen und leicht wieder zu lösen
- klemmt in beide Richtungen

Nachteil
- nach Sturzbelastung kaum wieder zu öffnen

8.5 Verbindungsknoten

Doppelter Spierenstich

Der doppelte Spierenstich wird zum Verbinden von zwei Seilen verwendet, die auch unterschiedliche Seilstärken haben können. Beim Binden des Knotens ist darauf zu achten, dass die Innenseiten des Knotens bündig anschlagen (Bild 37).

Vorteile
- Verwendung auch bei unterschiedlichen Seilstärken möglich
- nach Belastung leicht wieder zu lösen

Nachteil
- mindert die Reißfestigkeit des Seiles um ca. 30 Prozent

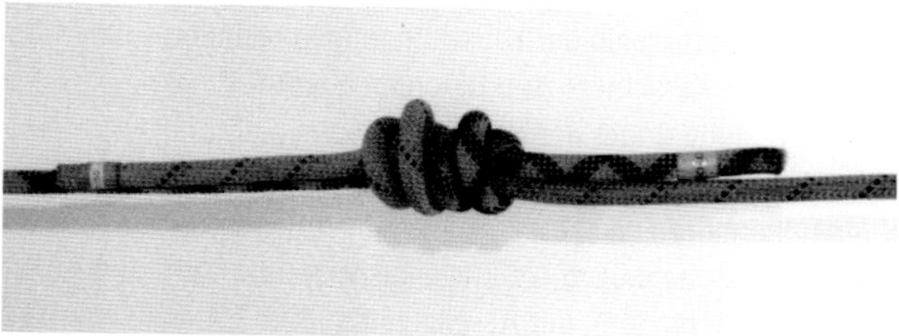

Bild 37: Doppelter Spierenstich

Bandschlingenknoten

Ähnlich wie der doppelte Spierenstich, kann auch der Bandschlingenknoten als Verbindungsknoten für Seile verwendet werden (Bild 38). Zum Verbinden von Schlingen wird er nicht mehr verwendet.

Vorteil
- ist einfach zu fertigen

Nachteil
- lässt sich nach Belastung nur schwer wieder lösen

Bild 38: Bandschlingenknoten

9 Flaschenzüge

9.1 Allgemeines

Flaschenzüge sind wichtige Hilfsmittel bei der Arbeit einer Einheit SRHT, da sie im Wesentlichen dazu benutzt werden, Kräfte zu verteilen und somit einzusparen. Damit wird die Belastung der Einsatzkräfte auf ein verträgliches Maß reduziert. Angewendet werden sie vorrangig zum Heben von Lasten, die sich in unseren Fällen hauptsächlich als zu rettende Personen darstellen. Hierbei ist es unerheblich, ob die zu Rettenden nur kurz anzuheben (zu entlasten) sind oder ob sie über eine längere Distanz zu befördern sind. Die Anwendung solcher Hilfsmittel muss von den Rettern sicher beherrscht werden, damit sie die Effektivität des Einsatzes um ein Vielfaches erhöhen.

Ausgehend vom Hebelgesetz erlangen wir eine Krafteinsparung, wenn wir zum Heben einer Last einen Hebel einsetzen, den wir um einen Drehpunkt bewegen. Hierbei ist das Verhältnis Last (L) zu Lastarm (l_1) gleich dem Verhältnis Kraft (F) zu Kraftarm (l_2). In einer Formel ausgedrückt bedeutet dies:

$$\mathbf{L \times l_1 = F \times l_2}$$

Wollen wir nun eine Kraft berechnen, um eine Last anzuheben, brauchen wir nur die Formel umzustellen und anschließend die entsprechenden Werte einzusetzen:

$$\mathbf{F = L \times l_1/l_2}$$

Bei den Flaschenzügen nutzen wir statt eines geradlinigen Hebels Rollen, die die gleiche Funktion ausüben. Der »eigentliche« Hebel wird hierbei durch die Radien bzw. den Durchmesser einer Rolle gebildet. Ein Seil wird über eine Rolle gelegt; an einem Ende des Seiles wird eine Last angehängt und am anderen Ende des Seiles wird gezogen. So können wir die Last anheben. Nun ist noch zu beachten, an welcher Stelle die Rolle angebracht wird. Hier gibt es zwei Möglichkeiten:
- Die Rolle wird an einem Festpunkt angebracht.
- Die Rolle wird an der Last befestigt.

Betrachten wir diese beiden Möglichkeiten etwas näher.

Die **feste Rolle** wird immer mittels eines Karabiners oder einem anderen Verbindungsmittel an einem Festpunkt angeschlagen. Darüber wird nun ein Seil gelegt, an dem eine Last (L) befestigt ist/wird. Nun kann am freien Ende des Seiles die Zugkraft (F) angreifen. Lastarm und Kraftarm werden hierbei vom Radius der Rolle gebildet. Der Drehpunkt befindet sich im Mittelpunkt der Rolle. Da Lastarm und Kraftarm aufgrund des Radius gleich lang sind, ist auch die Kraft zum Hochziehen genau so groß wie die Last (wenn von Reibungsverlusten am Seil abgesehen wird). Hier gibt es also keine Krafteinsparung. Es wird lediglich ein Umlenken der Zugkraft erreicht (Bild 39).

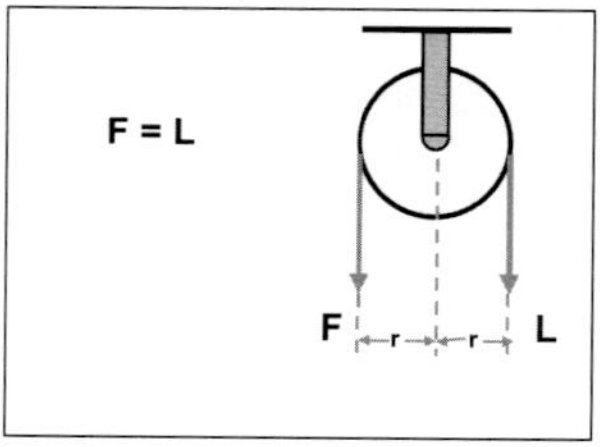

Bild 39: Feste Rolle

Anders verhält es sich, wenn die Rolle an der Last und das Zugseil am Festpunkt angeschlagen werden. Jetzt wird die Rolle zur **losen Rolle**. Auch in diesem Fall gibt es eine Last (L) mit dazugehörigem Lastarm (l_1); das gleiche gilt für die aufzuwendende Kraft (F) mit dazugehörigem Kraftarm (l_2). Unterschiedlich zur festen Rolle ist, dass der Lastarm (l_1) vom Radius der Rolle gebildet wird, während der Kraftarm (l_2) vom Durchmesser der Rolle gebildet wird. Da der Durchmesser eines Kreises bekanntlich doppelt so groß ist wie der Radius, erhalten wir automatisch einen Kraftarm, der doppelt so groß ist wie der Lastarm. An dieser Stelle wird nun deutlich, dass also die halbe Kraft aufzuwenden ist, um eine Last anzuheben (Bild 40).

Bei der Anwendung von Rollen müssen wir aber auch noch eine Betrachtung der Wege berücksichtigen. Nach der »goldenen Regel der Mechanik« müssen wir das, was wir an Kraft einsparen, an Weg zulegen. Das gilt natürlich auch für die Rollen.

Bei der **festen Rolle** haben wir keine Krafteinsparung – somit haben wir auch gleiche Wege. Das soll heißen: Möchte ich eine Last um einen Meter in die Höhe ziehen, muss ich am Zugende des Seiles auch einen Meter ziehen.

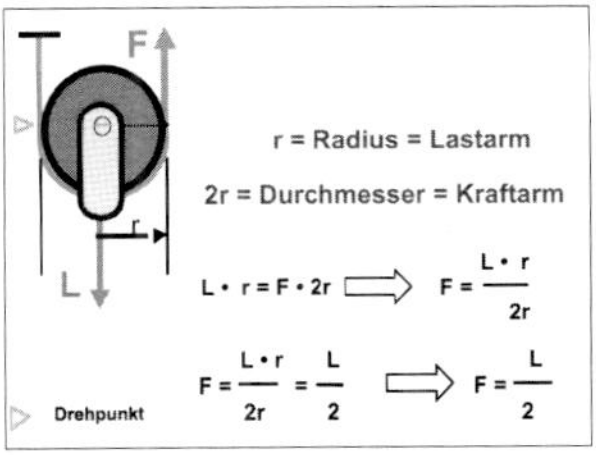

Bild 40: Lose Rolle

$$\mathbf{L \times s_1 = F \times s_2}$$
$$\mathbf{s_2 = L \times s_1/F}$$

Mathematisch ausgedrückt bedeutet dies:
Da Last gleich Kraft ist – ist Lastweg (s_1) auch gleich Kraftweg (s_2).

Weil $\mathbf{F = L}$ ist auch $\mathbf{s_1 = s_2}$

Anders verhält es sich bei der **losen Rolle**. Hier ist ja die benötigte Kraft nur halb so groß wie die Last.

$$\mathbf{L \times s_1 = F \times s_2}$$

Daraus folgt: $\mathbf{s_2 = \dfrac{L \times s_1}{F}}$

weil F = L/2, ergibt sich: $\mathbf{s_2 = \dfrac{L \times s_1 \times 2}{L}}$

L kürzt sich heraus, somit ergibt sich: $\mathbf{s_2 = 2 \times s_1}$

Deshalb wird der Kraftweg (s_2) doppelt so groß. Um also eine Last um einen Meter anzuheben, muss am Seil 2 Meter gezogen werden.

Zur Vereinfachung kann also das Verhältnis Last zu Kraft ist gleich Lastweg zu Kraftweg angenommen werden:

$$\frac{L}{F} = \frac{s_1}{s_2}$$

Soweit zu den Grundlagen der Rollen. Kommen wir nun zu den Flaschenzügen. Diese sind eine Kombination von festen und losen Rollen, die mit einem oder mehreren Seilen verbunden sind.

Ein wichtiger Grundsatz bei Aufbau und Anwendung von Flaschenzügen ist, die Übersicht, insbesondere über die Seilverläufe im Flaschenzug, zu beachten und zu behalten.

Es werden prinzipiell zwei Arten von Flaschenzügen unterschieden:

- Faktorenflaschenzug und
- Potenzflaschenzug.

Diese beiden Arten unterscheiden sich wiederum hauptsächlich im Aufbau und im Kräfteverhältnis »zu hebende Last : aufzuwendende Kraft«.

9.2 Faktorenflaschenzüge

Faktorenflaschenzüge sind die einfacheren und sicher auch die bekannteren Maschinen. Schon vor vielen tausend Jahren wurden sie in der Seefahrt zum Setzen und Spannen der Segel verwendet, wodurch sie auch ihren Namen erhielten. Eine solche Flasche ist in diesem Falle kein Behälter für eine Flüssigkeit, sondern die Hal-

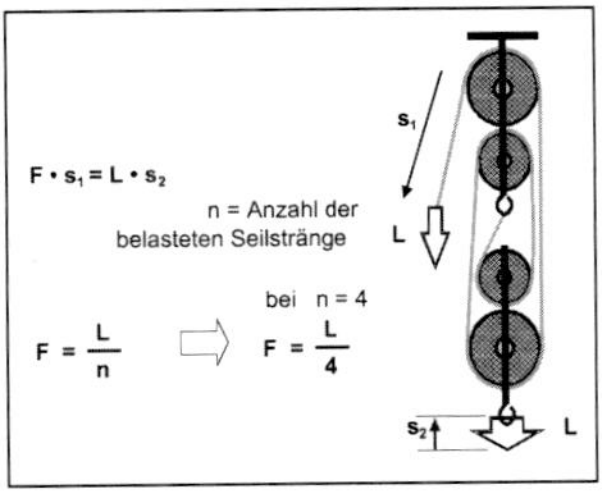

Bild 41: Flaschenzug

terung für eine oder mehrere Rollen. Beim Faktorenflaschenzug haben wir nur ein Zugseil und feste sowie lose Rollen, d.h. Rollen, die eine Kraft nur umlenken und Rollen, die eine Kraft halbieren. Je mehr Rollen jeder Art im Flaschenzug eingebaut sind, desto größer ist die Krafteinsparung zum Heben einer Last. Allerdings bringen tatsächlich nur die losen Rollen den erwünschten Effekt (Bild 41).

Zum Ermitteln der aufzuwendenden Kraft (F) gilt hier: Zu hebende Last (L) geteilt durch die Anzahl der belasteten Seilstränge (Seilstränge, die aus den losen Rollen kommen):

$\mathbf{F = L/n}$ n = Anzahl der belasteten Seilstränge

Allerdings soll auch nicht unerwähnt bleiben, dass sich der Weg gemäß der »goldenen Regel der Mechanik« vergrößert, wenn ich Kraft einsparen will. Dies wurde bereits ausführlich behandelt.

9.3 Potenzflaschenzüge

Im Gegensatz zu den Faktorenflaschenzügen gibt es bei den Potenzflaschenzügen keine festen Rollen. Diese werden durch Festpunkte ersetzt. Dabei wird aber hier grundsätzlich nicht nur ein Seil verwendet, sondern es kommen mehrere Seile (auch Kurzseile) zur Anwendung. An der Last wird eine lose Rolle befestigt. Anschließend wird ein Seil an einem Festpunkt angeschlagen und durch die lose Rolle geführt. Nun kann mit »halber Kraft« die Last angehoben werden, da bekanntlich die lose Rolle die Last halbiert.

Sollte nun die aufzubringende Kraft nicht ausreichen, um die Last anzuheben, wird an der Zugseite des Seiles wiederum eine lose Rolle angebracht. Ein zweites Seil wird dann an einem anderen oder am selben Festpunkt befestigt und durch die zweite lose Rolle geführt. Nun können wir wiederum die Last anheben. Diesmal mit nur einem Viertel der Last.

Ist die aufzubringende Kraft noch nicht ausreichend, um die Last anzuheben, wird der Vorgang noch einmal wiederholt. An der Zugseite des Seiles wird eine lose Rolle befestigt, ein weiteres Seil wird am Festpunkt angeschlagen, durch die dritte lose Rolle geführt und wir können nun versuchen, die Last aufzuziehen. Da die Viertelkraft nochmals halbiert wird, müssen wir nun nur noch 1/8 der Last an Kraft aufbringen.

Dieser Vorgang kann so oft wiederholt werden bis wir die aufzubringende Kraft auf ein für uns erträgliches Maß reduziert haben.

Wichtig ist aber hierbei, zu beachten, dass die Anzahl der losen Rollen nicht unendlich erhöht werden kann. Ist die Last beweglich, ist die Anzahl der Rollen nicht die entscheidende Komponente. Aber beim Ziehen gegen einen Festpunkt, wie es beispielsweise beim Schrägseil der Fall ist, kann die Anzahl der losen Rollen schon entscheidend sein. Schnell kommen wir in Grenzbereiche in denen unsere Ausrüstung, insbesondere die Seile überlastet werden und sie ihre Funktion durch Beschädigung aufgeben. Als Regel gilt: bis zu drei lose Rollen bei beweglicher Last – maximal zwei lose Rollen bei Zug gegen einen Festpunkt. Die Zugkraft soll hierbei auch nur von einer Person aufgebracht werden. Stehen mehrere Helfer zur Verfügung, kann die Anzahl der losen Rollen zum Schutz der Seile reduziert werden.

Berechnung der aufzubringenden Kraft:

$$F = \frac{L}{2^n}$$

F = aufzubringende Kraft
L = anzuhebende Last
n = Anzahl der losen Rollen

Optimierter Flaschenzug

Schnell soll es gehen in der SRHT!

Auch im Aufbau von Flaschenzügen müssen wir uns beeilen, da dies oft in Notsituationen geschehen muss. Selbstverständlich ist der Aufbau von Flaschenzügen regelmäßig zu trainieren, damit im Einsatzfall jeder Handgriff sitzt. Eine zusätzliche Erleichterung erhalten wir durch die Anwendung eines »optimierten Flaschenzuges«. Hierbei handelt es sich um eine »Vermischung« aus einem Faktoren- und einem Potenzflaschenzug. Das folgende Einsatzbeispiel soll die Sache verdeutlichen:

Ein Retter wird passiv zu einer zu rettenden Person abgelassen. Beide Personen sollen wieder aufgezogen werden. Vorteilhafter Weise wird ein selbstblockierendes Abseilgerät (z. B. I'D) verwendet. Während der Retter das Opfer in seine Systeme übernimmt, wird der Flaschenzug im Lastseil eingerichtet. Auf dem Lastseil wird mit einer Seilklemme ein Festpunkt geschaffen. In diese Seilklemme wird eine Seilrolle eingehängt. Die Bremsseite des Lastseiles wird aus der Umlenkung des Abseilgerätes herausgenommen und in die Rolle an der Seilklemme eingelegt. Die Seilrolle wirkt nun als lose Rolle und erzeugt die gewünschte Krafteinsparung. Jetzt kann mit dem Aufzug der beiden im Seil befindlichen Personen begonnen werden. Sollte die Zugkraft nicht ausreichend sein, wird der Vorgang wiederholt. Mit einer zweiten Seilklemme schaffen wir wieder einen Festpunkt auf dem Lastseil – diesmal aber auf dem Strang, an dem wir bis eben gezogen haben. Wieder wird eine Seilrolle an der Seilklemme befestigt. Der Strang, an dem wir gezogen haben, wird nun an einem Festpunkt umgelenkt und in die zweite Seilrolle eingelegt. Jetzt haben wir zwei lose Rollen zur Verfügung. Sollte unsere Zugkraft noch nicht ausreichen, wird der Vorgang nochmals wiederholt. Ziel soll es sein, dass eine Person zwei Personen über eine längere Strecke aufziehen kann (Bild 42).

Schweizer Flaschenzug

Beim Schweizer Flaschenzug handelt es sich um die »besondere Form«, die mit den einfachsten Mitteln, die uns zur Verfügung stehen, aufgebaut und anwendet werden kann. Rollen werden hierbei durch Karabiner ersetzt, als Rücklaufsperren werden nur Prusiks verwendet. Für Seile werden Bandschlingen eingesetzt. Mit

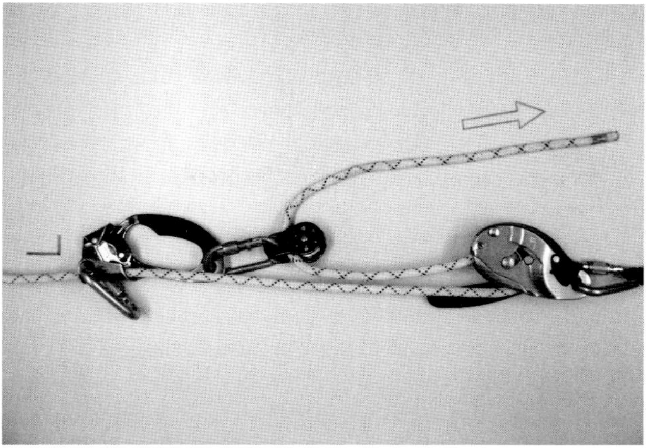

Bild 42: Optimierter Flaschenzug

diesen wenigen Mitteln kann allerdings nur eine kurzzeitige Entlastung eines möglicherweise Verunfallten und auch nur über eine kurze Strecke erfolgen. Die Reibung zwischen Seil und Karabinern ist so enorm, dass die Anwendung des Schweizer Flaschenzuges tatsächlich nur in Notsituationen zu empfehlen ist.

Alle diese vorgestellten Flaschenzüge können je nach den örtlichen Bedingungen und nach der zu lösenden Aufgabe wahlweise verwendet werden. Es gibt aber einige Aspekte, die unabhängig von der Art des jeweiligen Flaschenzuges sind und die es zu beachten gilt:

- An oder in jeden Flaschenzug muss eine Rücklaufsperre (Prusik, selbstblockierendes Abseilgerät ...) eingebaut sein. Somit erreichen wir, dass beim Nachsetzen die Last nicht wieder in die Tiefe geht.

- Jeder Flaschenzug soll eine Ablassmöglichkeit haben, über die wir die Last kontrolliert ablassen können. Hier bietet sich als einfachste Art ein Halbmastwurf um/an einen Festpunkt an. Bei Verwendung eines selbstblockierenden Abseilgerätes ist diese Forderung bereits erfüllt.
- Im gleichen Verhältnis wie aufzubringende Kraft zur Last steht, ist das Verhältnis aufzubringende Kraft zum zurückzulegenden Weg. Nach der »goldenen Regel der Mechanik« muss das, was an Kraft eingespart wird, an Weg zurückgelegt werden. Haben wir also eine Krafteinsparung von 50 %, müssen wir den doppelten Weg der Last einplanen. Brauchen wir nur ein Viertel der Last an Kraft aufzubringen, vervierfacht sich der Weg usw.

10 Taktische Varianten

10.1 Grundvarianten

Es ist sehr schwierig, Einsatzmöglichkeiten und Einsatzabläufe zu vereinheitlichen, wenn man jedoch die bisherigen Einsätze analysiert, sind die typischen Einsätze der speziellen Rettungsgruppen

- der vertikale und horizontale Vorstieg,
- Retten von Personen aus der Höhe,
- Retten von Personen aus dem Seil,
- Retten von Personen aus der Tiefe und
- Aufbau einer Seilbahn zwischen zwei Punkten (Schrägseil).

Zielstellung ist, das sichere Arbeiten in Höhen und Tiefen bei der Rettung und Bergung von Menschen, Tieren und Sachwerten zu gewährleisten. Entsprechend dieser Vorgabe wurden im Rahmen eines europäischen Projektes »Spezielle Rettung aus Höhen und Tiefen – Aus- und Weiterbildung von Feuerwehrleuten in Europa« (EUSR) folgende Grundeinsatzvarianten entwickelt und werden empfohlen:

Passives Ablassen mittels Last- und Sicherungsseil	
Zielstellung:	Sicheres Ablassen einer oder mehrerer Personen. Es kann auch nicht speziell ausgebildetes Personal abgelassen werden (Polizei, medizinisches Personal ...). Zur Anwendung kommen zwei Seile, die an getrennten Befestigungspunkten installiert werden.
Ausrüstung:	– PSA mit Zubehör, – 1 Abseilgerät für ein bzw. zwei Einfachseile, – 1 Lastseil (Statikseil), 1 Sicherungsseil (Statik- oder Dynamikseil), Bandschlingen, Karabiner mit Verschlusssicherung, Reepschnur, Rettungsgurt (Rettungsdreieck), – Kantenschutz für aktive Seile (z. B. Rollenmodule).
Anzahl spezieller Einsatzkräfte:	Es werden mindestens drei Einsatzkräfte benötigt!
Verankerung:	– 1 Festpunkt für Lastsystem, – 1 Festpunkt für Sicherungssystem. Bei Erfordernis weitere Festpunkte auswählen!
Hinweise:	– Das Ablasssystem muss so aufgebaut werden, dass bei einer unkontrollierten Bewegung der Abseilvorgang blockiert wird. Dies kann entweder durch entsprechende Abseilgeräte oder durch einen Kurzprusik als Hintersicherung erreicht werden. – Vor dem Ausstieg muss das gesamte Abseilsystem visuell und manuell überprüft werden (Karabiner, Seilverläufe ...).
Beachte:	– Richtiges Einlegen des Lastseiles in das Abseilgerät (Kontrolle und Funktionsprobe). Nur geprüfte Geräte verwenden! – Sicherheitsabfrage vor dem Ausstieg. – Die Möglichkeit des Aufziehens (Flaschenzug) muss in Betracht gezogen und vorbereitet werden.

Ausführung:	Der Retter wird über ein Abseilgerät herabgelassen, wobei er über ein zweites System gesichert wird. Es kann auch ein Abseilgerät/Rettungsgerät für zwei Einfachseile verwendet werden. Das Ablassen im Doppelseil ist bei großen Höhenunterschieden vorrangig zur Anwendung zu bringen (vgl. aktives Abseilen im Doppelseil).

Bild 43: Variante Ablassen

Aktives Abseilen im Doppel- oder Einfachseil	
Zielstellung:	Sicheres und selbstständiges Abseilen im Doppelseil bedeutet kontinuierlicher Lastausgleich der verwendeten Seile. Die »wirkliche« Redundanz wird aufgrund der gleichmäßigen Seilvorspannung auf über 95 % der Abseilstrecke gewährleistet. Beim herkömmlichen Abseilen im Einfachseil (Lastseil/Sicherungsseil) besteht aufgrund von ungleicher Lastverteilung, Schlappseilbildung durch Wind usw. auf den letzten Abseilmetern die Gefahr des »Durchsackens«, falls das Lastsystem versagt.
Ausrüstung:	– PSA mit Zubehör, – 1 Abseilgerät für ein bzw. zwei Einfachseile, – 1 Lastseil (Statikseil), – 1 Sicherungsseil (Statik- oder Dynamikseil), – Bandschlingen, Karabiner mit Verschlusssicherung, – Reepschnur, Rettungsgurt (Rettungsdreieck), – Kantenschutz für aktive und fixe Seile.
Anzahl spezieller Einsatzkräfte:	Es werden mindestens ein bis zwei Einsatzkräfte benötigt!
Verankerung:	– 1 Festpunkt für Lastsystem, – 1 Festpunkt für Sicherungssystem. Bei Erfordernis weitere Festpunkte auswählen!
Hinweise:	– Bei Abseilgeräten für zwei Einfachseile (Doppelseil) muss immer (z. B. unter dem Abseilgerät) eine Sicherung (Klemmknoten oder Klemmgerät) angebracht werden. – Beim Abseilen im Einfachseil ist vorrangig eine Sicherung von oben anzuwenden (zweite Einsatzkraft erforderlich). – Vor dem Ausstieg muss das gesamte Abseilsystem visuell und manuell überprüft werden (Karabiner, Seilverläufe …).
Beachte:	Vorzugsweise sind Abseilgeräte zu verwenden, die speziell dafür hergestellt wurden!

Ausführung: Aktives und eigenständiges Abseilen mittels Abseilgerät! Das Abseilen im Doppelseil ist bei großen Höhenunterschieden aufgrund des kontinuierlichen Lastausgleiches und der damit verbundenen erhöhten Redundanzstrecke vorrangig zur Anwendung zu bringen.

Bild 44: Aktives Abseilen

Retten aus der Tiefe mit Hilfe eines Flaschenzuges im Einfachseil	
Zielstellung:	Bei dieser Einsatzvariante wird die zu rettende Person mittels Flaschenzug nach oben gezogen. Die Sicherung erfolgt vorrangig über ein Abseilgerät. Mit Hilfe von Seilklemmen und Rollen wird dabei die erforderliche Hubkraft reduziert.
Ausrüstung:	PSA mit Zubehör, Abseilgerät, 1 Statikseil (Lastseil), 1 Dynamikseil (Sicherungsseil).
Mannstärke:	Drei Mann (zwei Retter, ein Sicherungsmann).
Verankerung:	– 1 Festpunkt für Statikseil, – 1 Festpunkt für Dynamikseil. Bei Erfordernis weitere Festpunkte auswählen.
Hinweise:	– Wird das Seil über Kanten gezogen, sind Rollenmodule o. ä. zur Verringerung der Reibung zu verwenden. Der Flaschenzug sollte senkrecht über der zu rettenden Person in Stellung gebracht werden. Beim Retten aus Gruben, Behältern usw. ist der Flaschenzug an Dreiböcken so hoch anzubringen, dass die verunfallte Person schonend gerettet werden kann. Auf Flachdächern sollten Dreiböcke mit Ausleger verwendet werden. – Vor dem Einsatz muss das gesamte System visuell und manuell überprüft werden (Karabiner, Seilverläufe …).
Beachte:	– In Verbindung mit einem Flaschenzug ist immer eine geeignete Rücklaufsperre einzusetzen. Zur Anwendung kommen Potenz- und Faktorenflaschenzüge. Seilwinden, Greifzüge für Kernmantelseile und andere spezielle Gerätschaften können auch effektiv eingesetzt werden. – Werden Personen passiv abgelassen, sollte immer ein wieder Aufziehen mittels Flaschenzug in Betracht gezogen werden. Dementsprechend können geeignete Geräte von vornherein in die Ablassvariante integriert werden.

Ausführung:	Der zu Rettende wird mittels Flaschenzug und zusätzlich gesichert nach oben gezogen.

Vertikaler und horizontaler Vorstieg	
Zielstellung:	Sicheres Erreichen eines exponierten Punktes.
Ausrüstung:	PSA mit Zubehör, 1 Dynamikseil, diverse Bandschlingen und geeignete Karabiner mit Verschlusssicherung für Zwischensicherungen, HMS-Doppelverschlusskarabiner für die indirekt-dynamische Sicherung.
Mannstärke:	Zwei Mann (ein Retter im Vorstieg, ein Sicherungsmann).
Verankerung:	1 Festpunkt mindestens 20 kN (bei Erfordernis weitere Festpunkte auswählen), geeignete Zwischensicherungen.
Hinweise:	– Die Einbindung mittels Seil erfolgt direkt am Gurt (Fangöse bzw. Fangschlaufen). – Vor dem Einsatz muss das gesamte System visuell und manuell überprüft werden (Karabiner, Seilverläufe …). – Sicherungsmann muss sehr konzentriert arbeiten (Gefahr der Schlaffseilbildung und des Durchrutschens). – Zwischensicherungen sind in geeigneten Abständen zu setzen (ein Aufschlagen bzw. Anprallen muss verhindert werden). Beispiel Gittermast: Abstände beim vertikalen Vorstieg von der Standfläche/Boden aus in 2 m, 3 m, 4 m, 5 m, 7 m, 9 m … Die Gefahr des Aufschlagen/Anprallens ist sehr groß und beim Sturz können große Fangstoßkräfte auftreten, deshalb sollten die Abstände beim vertikalen Vorstieg nicht größer gewählt werden! – Bandschlingen müssen durch mehrmaliges Umschlingen gekürzt und gegen Verrutschen fixiert werden.

	– Zwischensicherungen möglichst in einer geraden Linie setzen. – Das Seil muss an den Zwischensicherungen richtig in den Karabiner eingelegt werden!
Beachte:	– Scharfe Kanten (Seilschutz oder spezielle SEP-Schlingen)! – Niemals zwei Seile durch einen Karabiner laufen lassen! – Freie Seilenden gegen Durchlaufen (Seilendknoten) sichern! – Sicherungsmann muss auf sicheren Stand achten bzw. gegen Absturz gesichert sein! – Witterungsverhältnisse (Sturm, Eis, Kälte, Gewitter ...) verursachen zusätzliche Gefahren!
Ausführung:	Beim Vorstieg bzw. Quergang wird vorwiegend mittels Halbmastwurf-Sicherung (HMS) gesichert. Weitere Möglichkeiten des gesicherten Aufstiegs: – besteht in der Anwendung einer Y-Eigensicherung mit Falldämpfung und großen Karabinern, – Schubstange mit Karabiner und Seil, – Wurfsack und Seil.

Bild 45: Vertikaler Vorstieg

Bild 46: Horizontaler Vorstieg

Rettung einer Person aus dem Seil
Variante 4

Zielstellung:	Eine im Seil hängende Person wird aus ihrem System befreit und sicher zu Boden gebracht.
Ausrüstung:	– PSA mit Zubehör, – 1 Abseilgerät, 1 Hilfsflaschenzug, – 1 Lastseil (Statikseil), 1 Sicherungsseil (Statik- oder Dynamikseil), – Expressschlinge, Bandschlingen, Karabiner mit Verschlusssicherung, – Rettungsgurt.
Mannstärke:	Ein bis drei Einsatzkräfte (ein Retter, eine Einsatzkraft am Abseilgerät, ein Sicherungsmann).
Verankerung:	1 Festpunkt für Lastseil, 1 Festpunkt für Sicherungsseil.
Hinweise:	– Vor dem Einsatz muss das gesamte System visuell und manuell überprüft werden (Karabiner, Seilverläufe ...). – Zur Erreichung des Zieles gibt es verschiedene Möglichkeiten: – 1. Aktives Abseilen im Doppelseil; der Retter seilt sich selbst zum Verletzten ab und übernimmt ihn in sein System. – 2. Ablassen; der Retter wird von zwei speziellen Einsatzkräften zum Verletzten abgelassen und übernimmt ihn in sein System. – 3. Aktives Abseilen im Einfachseil; der Retter seilt sich selbst zum Verletzten ab und übernimmt ihn in sein System. Die Sicherung erfolgt durch eine zusätzliche Einsatzkraft von oben. Bei allen drei Varianten ist es wichtig, weit genug oberhalb des zu Rettenden den Festpunkt auf dem Lastseil zu setzen. Danach erfolgen die Sicherung des Gestürzten und die Übernahme in das Lastsystem des Retters. Die Entlastung des Verunfallten erfolgt über Flaschenzug (z. B. Hilfsflaschenzug).

Beachte:	Bei der Rettungsaktion ist auf geordnete Seilverläufe zu achten. Falls das Seil gekappt wird, ist mit größter Vorsicht zu agieren, dies erfolgt erst nach Übernahme der Person ins Rettungssystem. Für zwei Personen sind größere Bremskräfte erforderlich, ggf. sind zusätzliche Umlenkungen erforderlich. Genaue Kenntnisse über verwendete Abseilgeräte sind erforderlich!
Ausführung:	Nach Übernahme in das Rettungssystem wird die verunfallte Person aus dem bestehenden System befreit und zum Boden gebracht. Hingen die Verletzten längere Zeit im Seil, sind die Grundsätze der Rettung bei »Hängetrauma« zu beachten.

Bild 47: Rettung aus dem Seil

Seilbahn zwischen zwei Punkten (Schrägseil)

Zielstellung: Personen, die aufgrund von schwierigen örtlichen Bedingungen nicht direkt senkrecht aus Gefahrenbereichen in Sicherheit gebracht werden können, werden mittels Schrägseil gerettet. Hierbei können der Absetzpunkt beliebig gewählt und Hindernisse problemlos überwunden werden.

Ausrüstung:
- PSA mit Zubehör,
- 2 Lastseile (Statikseile),
- 2 Ablass- bzw. Zugseile (Statikseile oder Dynamikseile),
- Bandschlingen, Karabiner mit Verschlusssicherung,
- Seilbremsen und Abseilgeräte,
- Kantenschutz, 2 Seilrollen (einfach), 2 Seilrollen (Tandem),
- Seilklemmen,
- Seilwurfgerät (Wurfsack).

Mannstärke: Vier Einsatzkräfte.

Verankerung: 4 Festpunkte oben (Lastseile und Ablassseile), 2 Festpunkte unten.

Hinweise:
- Vor dem Einsatz muss das gesamte System visuell und manuell überprüft werden (Karabiner, Seilverläufe ...).
- Das Spannen der Tragseile (statisch) erfolgt über eine lose Rolle und mit maximal zwei Einsatzkräften.

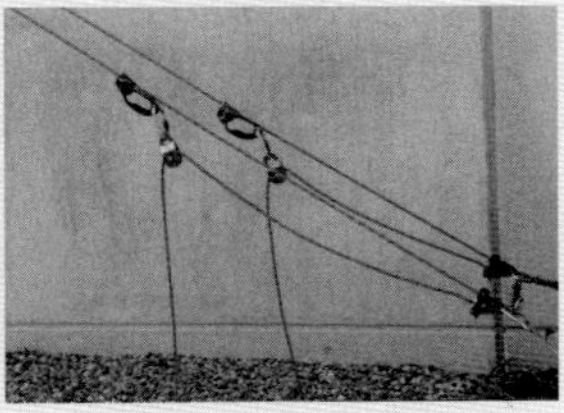

Bild 48: Seile spannen

- Als günstig erweisen sich Geräte mit Rücklaufsperre, ebenso kann aber auch über HMS oder andere Seilbremsen gespannt werden. Nach dem Spannen sind alle Klemmen auszubauen und die Geräte festzulegen.
- Bei horizontalen Verbindungen muss das System hin und zurück funktionieren.
- Beim Schrägseil benötigt man zwei Tragseile und zwei Ablassseile (statisch oder dynamisch). Ist der Absetzpunkt nicht weiter als 5 m vom Gebäude entfernt, reichen ein Tragseil und zwei Ablassseile.

Beachte: Die Tragseile dürfen nicht mit Kraftfahrzeugen gespannt werden. Bei einem 100 m langen Seil ist eine Vorspannkraft von 80 daN völlig ausreichend.

Ausführung: Die zu rettenden Personen werden am Ende des Ablass- bzw. Zugseiles eingebunden. 1 m über der Einbindung (Rettungsdreieck und Brustgurt) wird ein Achterknoten/Sackstich in das Ablass- bzw. Zugseil geknotet und mittels Karabiner und Rollen mit dem Tragseil verbunden. Anstelle des Rettungsdreiecks können auch Krankentragen mit und ohne Begleiter zum Einsatz kommen.

Bild 49: Seilbahn

10.2 Spezielle Einsatzvarianten

Verschiedene Einsätze gestalten sich besonders schwierig. Aus diesem Grund wurden spezielle Rettungsvarianten im Rahmen des LEONARDO-Projektes »Retten aus Höhen und Tiefen« EUSR entwickelt. Details und weitere Informationen sind der Webseite http://www.eusr.net zu entnehmen.

Im Folgenden werden spezielle Einsatzvarianten mittels Hubschrauber an Hochhäusern, Windkraftanlagen, Seilbahnen und Krananlagen zusammenfassend beschrieben.

10.2.1 Der Hubschraubereinsatz

Hubschrauber können in schwierigem Gelände als Rettungsgeräte und Transportmittel effektiv zur schonenden Rettung von Personen eingesetzt werden, wenn die Sicht- und Witterungsbedingungen ausreichend sind.

Folgende Einsatzaufgaben können realisiert werden:
- Transport von Einsatzkräften und Ausrüstung,
- Transport verletzter Personen unter medizinischer Überwachung,
- Evakuierung von Personen bei einem Hochhausbrand (Dach),
- Aufnehmen von Verletzten und/oder erkrankten Personen in Höhen (z. B. Kran, Turm, Kamin o. ä.),
- Aufnehmen von Personen aus Wasser oder vom Eis,
- Einsatz bei Hochwasserlagen (Personen auf Dächern, Inseln ...).

In der Bergrettung unterscheidet man zwischen vier verschiedenen Techniken:

1. Seilwindeneinsatz
   Bei einer Einsatzseillänge von 2 bis 90 m ist das gesamte Einsatzspektrum möglich. Ohne Vorrüstzeit ist der Hubschrauber sofort startklar und kann zwei Personen (maximal 270 kg) aufnehmen. Bei diesem Einsatz ist keine Zwischenlandung notwendig.
2. Bergetau
   Bei Einsatzseillängen von 15 bis insgesamt 90 m ist auch hier das gesamte Einsatzspektrum möglich. Die Vorrüstzeit liegt zwischen 10 und 30 min. In der Regel können ein bis zwei Personen aufgenommen werden. Zum Aufrüsten des Bergetaus und zum Einladen der zu rettenden Person ist immer eine Zwischenlandung notwendig. Hierbei handelt es sich um einen rettungstechnisch schwierigen Einsatz. Eine gute Kommunikation ist erforderlich.
3. Long Line
   Ist ein Fixseil mit einer Länge bis zu 200 m. Der Einsatz ist in der Umsetzung sehr schwierig. Der Hubschrauber kann jedoch mit der Long Line-Technik Punkte anfliegen, ohne sich der Gefahr des Steinschlages auszusetzen.
4. Variables Tau
   Der Retter positioniert sich am Seil mit seinem Abseilgerät ca. 15 m unter dem Hubschrauber, im Seilsack befinden sich noch 85 m Restseil. Zum gegebenen Zeitpunkt seilt er sich dann zum Einsatzort ab. Dadurch ist ein noch schnelleres und einfacheres Anfliegen möglich. Die Steinschlaggefahr für den Retter reduziert sich erheblich.

Für die speziellen Rettungskräfte der Feuerwehren eignen sich folgende Luftrettungstechniken:

Seilwinde und Bergetau (wie oben beschrieben).
Zusätzliche Rettungsgeräte sind
- Rettungsdreieck,
- Luftrettungssack (mit Anti-Rotations-Schnur),
- Rettungstrage (mit Anti-Rotations-Schnur).

Achtung: Nicht jedes in der Speziellen Rettung verwendete Rettungsgerät ist für die Luftrettung geeignet.

Aus Sicherheitsgründen muss das eingesetzte Personal die entsprechende Ausbildung und Grundtechniken als Flugretter besitzen sowie die gesetzlich vorgeschriebene persönliche Sicherheitsausrüstung tragen.

Wichtig ist ein kontinuierliches Training mit der Hubschrauberstaffel.

Eine intensive Zusammenarbeit steigert das Vertrauen und sichert den Erfolg des Einsatzes.

10.2.2 Einsatz in Windkraftanlagen

Wind, Sonne und Wasser sind die Garanten für den Aufbau einer nachhaltigen und zukunftsträchtigen Energieversorgung. Aus diesem Grunde werden Windkraftanlagen flächendeckend und rasant aufgebaut. Alle Windkraftanlagen unterliegen der Wartung. Die Arbeiten werden zum Teil in großer Höhe und in sehr beengten Räumen durchgeführt. Ermüdung und Entkräftung der Monteure sowie technisches Versagen der vorgeschriebenen Sicherheitseinrichtung (z. B. Auffanggurt, mitlaufende Sicherung in einer Profilschiene) können zu Unfällen führen in deren Folge die Feuerwehr zur Rettung der Personen alarmiert wird.

Einsatzbeispiel:
Ein Monteur wollte in 60 m Höhe Wartungsarbeiten durchführen. Nach Anlegen der vorgeschriebenen Sicherheitseinrichtung stieg er an einer Steigschutzanlage im Inneren des Turmes auf. In etwa 40 m Höhe löste sich die Sicherungsschiene der Anlage und der »Mitläufer« glitt aus der Schiene heraus. Die Person stürzte auf die 8 m tiefer liegende Plattform aus Metall und zog sich mehrere Frakturen der Extremitäten und des Brustkorbes zu. Eine Verletzung der Wirbelsäule konnte nicht ausgeschlossen werden.

Da aufgrund der vorgefundenen Lage eine Rettung mit den Kräften und Mitteln der örtlich zuständigen Freiwilligen Feuerwehr nicht realisiert werden konnte, wurde eine spezielle Rettungsgruppe nachgefordert (erst ca. 40 Minuten später) und der Verunfallte konnte patientengerecht gerettet werden.

Es kommt auch vor, dass aufgrund der guten Aussicht die verschiedensten Personengruppen aufsteigen. In Deutschland gibt es mittlerweile sogar Windkraftanlagen mit Aussichtsplattformen. Selbst sportliche Motive (Windrad-Climbing) veranlassen Personen zum Aufstieg in solchen Anlagen. Leider kann es auch hierbei zu Unfällen kommen. Ausreichendes Rettungsgerät besitzen in der Regel nur Servicetechniker.

Die Durchführung einer erfolgreichen Rettungsaktion in solchen Anlagen hängt hauptsächlich von der Einsatzvorbereitung ab.

Es sollte sichergestellt werden, dass die örtlich zuständige Feuerwehr

- über genaue Angaben des Standortes eines jeden Windrades verfügt. Hierzu gehören die UTMS- bzw. GPS-Koordinaten, Zufahrtsstraßen und -wege usw.,
- im Interesse einer schnellen und patientenorientierten Rettung auch Hubschrauberlandemöglichkeiten prüft, die dann im Bedarfsfall in Zusammenarbeit mit dem Betreiber dieser Anlagen herzurichten sind (das gleiche gilt für Löschwasserentnahmemöglichkeiten),
- im Notfall Zugang zu den Windkraftanlagen hat,
- über Absturzsicherungen verfügt, die an die Sicherheitseinrichtungen dieser Anlagen angepasst sind.

Die Windkraftanlagen sollten

- über einen Schalter zur Stromabschaltung sowie eine Einrichtung zur Blockierung beweglicher Teile verfügen,
- leicht vom Boden und aus der Luft aufzufinden sein sowie am Fuß und an der Gondel gut sichtbar nummeriert sein,
- zwecks leichter und schneller Durchführung von Rettungsmaßnahmen aus der Gondel über geeignete Anschlagpunkte in derselben verfügen,
- an der Gondel über einen von außen zu öffnenden Zugang für Hubschraubereinsätze verfügen,
- möglichst über ein vom Boden bis zur Spitze geführtes Sicherheitssystem verfügen.

Aufgrund der verschiedensten Bauweisen gibt es keine standardisierten Rettungsmaßnahmen. Je nach Anlage müssen Risikobewertungen bzw. Gefährdungsanalysen durchgeführt werden, um dann die entsprechende Rettungsvariante festzulegen. Im Ergebnis der Analyse wird entschieden, ob eine Rettung außen oder innen bzw. aktiv oder passiv (siehe Grundvarianten) durchgeführt wird.

10.2.3 Einsatz in bzw. an Hochhäusern

Bei Einsätzen an hohen Gebäuden können Situationen entstehen, welche aus Unerfahrenheit nicht sofort erkannt werden. Im weiteren Einsatzverlauf kommt es dann nicht selten zu Problemen. Aus diesem Grund sind auch bei diesen Einsätzen bereits im Vorfeld umfassende Einsatzvorbereitungen in Form von Risikobewertungen und Gefährdungsanalysen zu treffen (Bild 50).

Schwerpunkte für die Einsatzvorbereitung sind objektbezogene Gegebenheiten:

- Lage und Höhe des Gebäudes sowie die daraus resultierende Einsatzhöhe (Einsatzlänge der Seile),

Bild 50: Rettung Hochhaus

- Zugangsmöglichkeiten zum Hochhaus und verantwortliche Ansprechpartner,
- Feuerwehrrelevante Sicherheitseinrichtungen wie z. B. Feuerwehr-Aufzüge, RWA, Sicherheitstreppenräume usw.,
- Art und Anzahl der Nutzer,
- Anschlagsysteme, Befestigungspunkte,
- Einstiegsmöglichkeiten in den verschiedenen Höhen,
- Informationen über technische Anlagen (Sendeanlagen, Arbeitsbühnen, Gondeln usw.

Im Ergebnis der Einsatzvorbereitung wird die Einsatztaktik festgelegt!

Einsatztaktik

- Die Einsatzstelle muss weiträumig abgesperrt werden.
- Die Grundvariante »Ablassen im Doppelseil« mit Statikseilen ist in diesem Einsatzfall besonders zu empfehlen. Beim Einsatz der Doppelseiltechnik erfolgt ein permanenter Lastausgleich. Durch diese Technik kann die tatsächliche Redundanz fast bis zum Geländekontakt realisiert werden.
- Falls ein Einstieg in das Gebäude möglich ist, wird nicht bis auf den Boden abgelassen. Wenn möglich, ist der Einstiegsbereich zu kennzeichnen.

Bei Rettungseinsätzen an Hochhäusern sind folgende Gefahren- und Sicherheitshinweise zu beachten:

- Einsatzkräfte werden in extremen Höhen häufig mit hohen Windgeschwindigkeiten und tiefen Temperaturen konfrontiert. Entsprechende Einsatzbekleidung ist vorzuhalten. Wind und Thermik können auch ein Abdriften des Retters von der

Einsatzstelle verursachen. Dieses kann durch das Anbringen eines Führungsseiles verhindert werden.

- Die Seildehnung ist in jedem Fall zu beachten!
- Frei hängende Seilenden sind locker zu befestigen. Ein Nichtbeachten kann dazu führen, dass das lose Ende sich in der Struktur oder an Bauteilen verfängt.
- Aufgrund der Höhe sind lange Abseilzeiten zu berücksichtigen.
- Der Aufbau einer guten Funkkommunikation ist mit entscheidend für den Einsatzerfolg. Handzeichen sind eine gute Alternative, hierbei ist ein Fernglas unbedingt erforderlich.
- Es können unerwartete Bewegungen durch funkgesteuerte Satellitenanlagen, Fensterputzgondeln usw. auftreten.
- Ein erschwerter Zugang aufgrund extremer Höhe in Verbindung mit ausgefallener Aufzugstechnik verbraucht sehr viel Energie, und es kann zu Erschöpfungen der Einsatzkräfte führen. Unkonzentriertheit und Müdigkeit können zu weiteren Gefahren führen.
- Auf Hochhäusern sind sehr häufig Sendeanlagen vorzufinden. Nichtionisierende Strahlungen verschiedenster Arten (z. B. Radiofrequenzen und Mikrowellen, Infrarotstrahlungen, Laser usw.) können Verletzungen bei den Einsatzkräften hervorrufen.

Sicherlich erhebt die Aufzählung besonderer Gefahren bei Hochhauseinsätzen keinen Anspruch auf Vollzähligkeit, dennoch kann sie hilfreich bei der Erarbeitung von Einsatzplänen sein.

10.2.4 Krananlagen

Wie bei den vorangegangenen speziellen Einsatzvarianten sind auch hier einsatzvorbereitende Maßnahmen durchzuführen. Aufgrund der verschiedenen Typen können wie bei den Windkraftanlagen keine standardisierten Einsatzvarianten erarbeitet werden. Im Ergebnis der Gefährdungsermittlung werden Einsatzvarianten festgelegt. Praktische Ausbildung und Übungen am Kran sind entscheidende Kriterien für den späteren Einsatzerfolg.

Vor Übungen und Einsätzen sind spezielle Sicherheitshinweise zu beachten:

- Die Einsatzstelle muss weiträumig abgesperrt werden.
- Der Kran muss gegen Bewegung gesichert werden, dabei ist die Windrichtung zu beachten!
- Stromabschaltung muss veranlasst werden.

Die Rettung von Personen kann mittels Hubschrauber (siehe Hubschrauberrettung) und durch Spezialrettungsgruppen erfolgen.

Eine effiziente Rettung durch Spezialkräfte ist abhängig vom Ausbildungsstand, von der technischen Ausrüstung, vom Standort der verletzten Person, vom Wetter (sekundär) sowie vom Standort des Krans. Die Rettung kann sowohl aus der Kabine (oftmals Kranführer) als auch vom Ausleger (häufig Suizidenten, Verwirrte oder betrunkene Personen) erfolgen und erfordert höchste Konzentration. Permanente Absturzgefahr, sich bewegende Teile sowie das Verhalten des zu Rettenden können den Einsatzverlauf negativ beeinflussen. Eine Personenrettung kann aktiv, passiv oder mittels Schrägseil erfolgen.

Die oben genannten speziellen Einsatzvarianten können nur erfolgreich umgesetzt werden, wenn eine professionelle Ausbildung erfolgte und danach intensiv trainiert wurde.

11 Schlussbetrachtung

Liebe Leser und Anwender, der Rahmen dieses Heftes ist erschöpft. Es könnten noch viele Dinge genannt und beschrieben werden. Aber der Gedanke dieses Roten Heftes ist es, einen Gesamtüberblick über das Thema Höhenrettung bzw. die Spezielle Rettung aus Höhen und Tiefen zu geben. Darüber hinaus soll es als »Nachschlagewerk« für ausgebildete Retter betrachtet werden.

Die beschriebenen Einsatzvarianten wurden nur beispielhaft aufgeführt und erheben keinen Anspruch auf Vollständigkeit. Alle Ausarbeitungen erfolgten nach bestem Wissen und Gewissen der Autoren sowie nach dem derzeitigen Stand der Technik.

Selbstverständlich soll nicht nur reines Lesen beabsichtigt sein. Es sollen auch keine Autodidakten hervorgerufen werden. Vielmehr soll erreicht werden, dass das Erlernte in die Praxis überführt wird.

Zur praktischen Umsetzung der beschriebenen Einsatzvarianten ist eine fundierte und professionelle Ausbildung unbedingt erforderlich.

Sämtliche Anwendungen erfolgen auf eigenes Risiko. Eine Haftung für Unfälle jeglicher Art wird daher nicht übernommen.

Bedanken möchten wir uns bei den Höhenrettern der Berufsfeuerwehr Magdeburg für die Überlassung von historischem Bildmaterial.

Wir wünschen allen Anwendern der Speziellen Rettung aus Höhen und Tiefen unfallfreies Arbeiten und allzeit »Gut Seil«.

Frank Haverney und Peter Wölke

Anlagen

Abkürzungen

AGBF	Arbeitsgemeinschaft der Leiter der Berufsfeuerwehren
EUSR	European Union Special Rescue
HMS	Halbmastwurfsicherung
HRD	Höhenrettungdienst (Bezeichnung veraltet)
PSA	Persönliche Schutzausrüstung
SRHT	Spezielle Rettung aus Höhen und Tiefen
UIAA	Union Internatioale des Associations d'Alpinisme

Quellennachweis

Abschlussbericht EUSR European Union Special Rescue – Aktionsprogramm »Leonardo da Vinci«.

Ausbildungsmaterialien zur Speziellen Rettung aus Höhen und Tiefen, BKS Heyrothsberge, 03/2002.

Bergrettung – Lehrbuch der Bergwacht, Freudig/Martin, 1995.

Der Notarzt, Heft 13, 1997.

Dr. med. Botta, Arbeitsmedizinischer Dienst Magdeburg, Sachsen-Anhalt.

Empfehlung der AGBF – Spezielle Rettung aus Höhen und Tiefen (SRHT), Rahmenempfehlung 2002.

Rettungsdienst, Heft 10, 22. Jahrgang, 1999.

Tagungsmaterial Fachtagung »Auf- und Abseilverfahren/Anwendungsmöglichkeiten in der Feuerwehr«, BKS Heyrothsberge, 1994.

Tagungsband Fachtagung »Spezielle Rettung aus Höhen und Tiefen«, BKS Heyrothsberge, 10/2002.

32 Hermann Dembeck
Gefahren beim Umgang mit Chemikalien
4. Auflage. 241 Seiten. € 13,80
ISBN 3-17-011277-5

33 Georg Zimmermann
Mechanik für die Feuerwehrpraxis
(Übungsaufgaben siehe Heft 49)
6. Auflage. 164 Seiten. € 9,20
ISBN 3-17-016085-0

34 Axel Häger
Kartenkunde
151 Seiten. € 12,80
ISBN 3-17-012735-7
Durchgehend vierfarbig

35 Alfons Rempe
Ortsfeste Feuerlöschanlagen
3. Auflage. 116 Seiten. € 8,–
ISBN 3-17-013204-0

36a Hans-Peter Plattner
Gefahrgut-Einsatz
Fahrzeuge und Geräte
4. Auflage. 152 Seiten. € 8,–
ISBN 3-17-013520-1

36b Jürgen Klein
Gefahrgut-Einsatz
Grundlagen und Taktik
2. Auflage. 104 Seiten. € 9,20
ISBN 3-17-016856-8

40 Georg Zimmermann
Tauchen, Wasser- und Eisrettung
3. Auflage. 164 Seiten. € 10,–
ISBN 3-17-013206-7

41 Kurt Klingsohr
Frank Habermaier
Brennbare Flüssigkeiten und Gase
7. Auflage. 122 Seiten. € 8,50
ISBN 3-17-017016-3

44a Hans Schönherr
Pumpen in der Feuerwehr
Teil 1: Einführung in die Hydromechanik/Wirkungsweise der Kreiselpumpen
4. Auflage. 108 Seiten. € 8,–
ISBN 3-17-015172-X

44b Christian Schwarze
Pumpen in der Feuerwehr
Teil 2: Feuerlösch-Kreiselpumpen, Zusatzausstattungen, Druckzumisch- und Druckluftschaumanlagen
5. Auflage. Ca. 100 Seiten. Ca. € 8,–
ISBN 3-17-018605-1

45 Heinz-Otto Geisel
Feuerwehr-Sprechfunk
6. Auflage. 156 Seiten. € 8,90
ISBN 3-17-014025-6

46 Martin Grund
Aufzüge, Fahrtreppen, Fahrsteige
3. Auflage. 168 Seiten. € 11,50
ISBN 3-17-013522-8

47 Dieter Karlsch/Walter Jonas
Brandschutz in der Landwirtschaft
3. Auflage. 92 Seiten. € 8,–
ISBN 3-17-012104-9

48 Heinz Bartels/Wilhelm Stratmann
Feuerwehrschläuche
2. Auflage. 66 Seiten. € 7,–
ISBN 3-17-012568-0

49 Georg Zimmermann
Mechanik
Beispiele aus der Praxis
(Übungsaufgaben zu Heft 33)
3. Auflage. 80 Seiten. € 7,–
ISBN 3-17-014453-7

51 Georg Zimmermann
Tiefbau- und Silo-Unfälle
4. Auflage. 78 Seiten. € 7,–
ISBN 3-17-015549-0

53 Joachim Hahn
Horst Zacher (Hrsg.)
Begriffe, Kurzzeichen, Graphische Symbole des deutschen Feuerwehrwesens
3. Auflage. 124 Seiten. € 8,–
ISBN 3-17-013099-4

54 Döbbemann/Müller/Stiehl
Retten und Selbstretten aus Höhen und Tiefen
5. Auflage. 50 Seiten. € 7,–
ISBN 3-17-015167-3

55 Wolfgang Maurer
Hydraulisch betätigte Rettungsgeräte
2. Auflage. 187 Seiten. € 13,80
ISBN 3-17-016494-5

57 Siegfried Volz
Unterrichtseinheiten für die Brandschutzerziehung
128 Seiten. € 8,–
ISBN 3-17-013771-9

59 Frank Habermaier
Chemie
2. Auflage. 172 Seiten. € 9,20
ISBN 3-17-012222-3

61 Axel Häger
Kfz-Marsch geschlossener Verbände
80 Seiten. € 7,–
ISBN 3-17-010489-6

62 Siegfried Volz
Brandschutzerziehung in Schulen
2. Auflage. 124 Seiten. € 8,–
ISBN 3-17-014539-8

64 Erhard Ortelt
Abkürzungslexikon Feuerwehr
84 Seiten. € 7,–
ISBN 3-17-013774-3

66 Kircher/Schmidt
Rauchabzug
182 Seiten. € 13,80
ISBN 3-17-013953-3
Durchgehend vierfarbig

67 Walter Herbst
Hygiene im Einsatz
156 Seiten. € 10,–
ISBN 3-17-014457-X

68 Ralf Fischer
Rechtsfragen beim Feuerwehreinsatz
2. Auflage. 209 Seiten. € 11,50
ISBN 3-17-016360-4

69 Falko Sokolowski
Patientenorientierte technische Rettung
234 Seiten. € 13,80
ISBN 3-17-014581-9

70 Dietrich Ungerer
Streß und Streßbewältigung im Feuerwehreinsatz
100 Seiten. € 7,–
ISBN 3-17-015173-8

71 Siegfried Brütsch/Ulrike Mönch
Einsatzverpflegung
112 Seiten. € 8,–
ISBN 3-17-015166-5

72 Klaus Thrien
Kettensägen im Feuerwehreinsatz
175 Seiten. € 11,50
ISBN 3-17-015467-2

74 Wachtel/Heide/Marxmüller
Eisenbahnunfälle
150 Seiten. € 11,50
ISBN 3-17-016042-7

75 Frieder Kircher
Grundwissen Vorbeugender Brandschutz
Ca. 120 Seiten. Ca. € 10,–
ISBN 3-17-016996-3

76 Klaus Thrien
Maschinist für Hubrettungsfahrzeuge
118 Seiten. € 9,–
ISBN 3-17-017408-8

77 Claus Lange
ABC-Einsatz
Ca. 100 Seiten. Ca. € 8,–
ISBN 3-17-017540-8

78 Reinhard Grabski
Grundwissen Physik
184 Seiten. € 14,–
ISBN 3-17-017542-4

79 Haverney/Wölke
Höhenrettung
146 Seiten. € 9,–
ISBN 3-17-017671-4

80 Nadler/Maaß
First Responder
105 Seiten. € 9,–
ISBN 3-17-017889-X

81 Döbbeling/Zinser/Bohm/Gerhards
LKW-Unfall
Die Rettung
Ca. 130 Seiten. Ca. € 11,–
ISBN 3-17-018123-8

82 Lotz/Metzler
Hochwassereinsatz
Ca. 120 Seiten. Ca. € 12,–
ISBN 3-17-018282-X

83 Siegfried Schmid
Einsätze an Luftfahrzeugen
Ca. 140 Seiten. Ca. € 9,–
ISBN 3-17-018606-X

84 Strang/Günthner
Krisenintervention
Psychosoziale Unterstützung für Einsatzkräfte
134 Seiten. € 11,–
ISBN 3-17-018607-8

85 Manfred Fiß
Einsätze auf Schiffen
Ca. 110 Seiten. Ca. € 9,–
ISBN 3-17-018536-5

Mengenpreise:
Ab 25 Exemplaren 5% Nachlass, ab 50 Exemplaren 10% Nachlass, ab 100 Exemplaren 15% Nachlass. Nachlässe bei größeren Bestellungen bitte beim Verlag erfragen! Preise zur Zeit der Drucklegung. Änderungen vorbehalten.